천번을 흔들려야 어른이 된다

因为痛，所以叫青春

所以叫青春

2

—写给孤独长大的你

广西科学技术出版社

著作权合同登记号　桂图登字：20-2013-061号

천번을 흔들려야 어른이 된다

Copyright © 2012 by 김난도 金兰都

All rights reserved

Simplified Chinese Copyright © 2013 by GUANGXI SCIENCE & TECHNOLOGY PUBLISHING HOUSE LTD

Simplified Chinese language edition arranged with 김난도 金兰都 through Eric Yang Agency Inc.

图书在版编目（CIP）数据

因为痛，所以叫青春2——写给孤独长大的你 /（韩）金兰都著；路冉译. 一修订本. 一南宁：广西科学技术出版社， 2016.3（2016.6重印）

ISBN 978-7-5551-0398-1

Ⅰ．①因… Ⅱ．①金…②路… Ⅲ．①人生哲学-青年读物 Ⅳ．①B821-49

中国版本图书馆CIP数据核字（2015）第055826号

YINWEI TONG, SUOYI JIAO QINGCHUN 2——XIE GEI GUDU ZHANGDA DE NI

因为痛，所以叫青春2——写给孤独长大的你

作　　者：[韩]金兰都		译　　者：路冉	
策　　划：陈恒达		责任编辑：陈恒达　袁靖亚	
封面设计：Lee Jung Hyun　古涧文化		版式设计：于 是	
责任审读：张桂宜		版权编辑：周 琳	
责任校对：曾高兴		责任印制：林 斌	
营销编辑：栗 伟		插　　图：曲业洋	

出 版 人：韦鸿学　　　　　　　　　　　　出版发行：广西科学技术出版社

社　　址：广西南宁市东葛路66号　　　　邮政编码：530022

电　　话：010-53202557（北京）　　　0771-5845660（南宁）

传　　真：010-53202554（北京）　　　0771-5878485（南宁）

网　　址：http://www.ygxm.cn　　　　　在线阅读：http://www.ygxm.cn

经　　销：全国各地新华书店

印　　刷：北京尚唐印刷包装有限公司

地　　址：北京市顺义区牛栏山镇腾仁路11号　　　　　　邮政编码：101399

开　　本：880mm×1240mm　1/32

字　　数：140千字　　　　　　　　　　　印　　张：8

版　　次：2016年3月第2版　　　　　　　印　　次：2016年6月第2次印刷

书　　号：ISBN 978-7-5551-0398-1　　　累积印次：第3次印刷

定　　价：35.00元

这是一个所有人都把"实现梦想"当做咒语一样念诵的年代。
那个被你称为"梦想"的东西,
是否已经成为你逃避现实的借口?

读者评论

　　刚刚踏入社会，锋利的现实就已经让双脚伤痕累累。而且等不到愈合太久，就又会添满新伤。让我觉得自己是一个一事无成的大人。以前，我总想用毫无一点伤痕的双脚，挺直腰杆在这个社会上行走。但是读完这本书后，我的想法改变了。我想再多经历一些彷徨，再多经历一点伤痛，即使背负着伤痛，我也会继续前行。因为正如金兰都教授说的那样，只有经历过彷徨，我们才能长大成人。

——李金惠（22岁，毕业一年）

　　正要哭泣的你，赶紧停下脚步吧，现在该到笑的时候了，《千万次摇摆，才能长大成人》来了。在读这本书的时候，我都数不清究竟哭了多少回，那种震撼大脑和心灵的感动，大家都来亲自感受一下吧。

——刘美珍（26岁，职场白领）

　　生活的理想是为了理想的生活。这才是一个成人应有的人生。金兰都教授的文字犹如细语低喃，牵引出读者自身的反思。

——张庆熙（30岁，公务员）

　　你现在，是第几次摇摆？我终于得到了释怀，原来现在我的这些痛楚并不只是我一个人的摇摆，原来并不是我一个人岌岌可危，为了等待下一个季节的到来，所有人都交出自己的身体，在风中摇摆。这本书让我感同身受，让我能更好地为自己加油鼓劲，这种感觉非常好！

——王哲（25岁，研究生在读）

　　当我正无限渴求有个能懂我心的伴侣时，我邂逅了这本书，那种有人温暖地握住我的手的感觉！如果你作为他人的子女、兄弟姐妹，抑或是父母，你无暇顾及自己是谁，那么这本书会是我很想送给你的礼物。

——张正（40岁，企业高管）

　　那灵魂的摇摆不定从我尚未懂事就开始了。"我怀着怜悯之心欢迎摇摆的你进入真正的人生。"

——李相奉（世界级的服装设计师）

目　录

小时候，我眼中的父亲和大人的世界只是一个与我无关的"别人的世界"，而不是"我的将来"。在我眼里，大人没有烦恼，没有感情，就像机械一样按固定的程序行动，可又为何如此孤单。

这个叫孤独的家伙，简直就像一头猪，只要对它稍有怠慢，这种感觉就会不分时间地点地冒出来撩拨你，问你是不是感到很空虚，借此引起你的注意。它好像是来自灵魂的警告，提醒你记得回望自己空荡荡的内心。

当人鱼公主下半身是鱼的时候，她遇到了王子，并和他相爱。无奈的是，他们虽然可以沟通，却无法做爱。当人鱼公主拥有了人类的双腿，却失去了作为沟通手段的声音……你会选择没有沟通的性，还是没有性的心灵交流？

查理·卓别林曾经说过："所谓人生，在远处看是喜剧，在近处看是悲剧。"别人的人生是从远处在看，而自己的人生是在近处看，所以，必然地，别人的人生看起来会很幸福，而自己的人生则很痛苦。我不想过分地羡慕或者是怜悯任何人，我也不希望别人很羡慕或者怜悯我。因为，他并没有看到完整的我，我也没有看到完整的他。

写给孤独长大的你

亲爱的中国读者们：

这是一个充满挫折的时代。

机会变得越来越少，不平等却越来越多。在这个艰辛的世上生活，长大成人绝非一件易事。

随着年纪的增长，我们脆弱的肩膀上需要背负的责任越来越沉重。年轻的时候，我们对踏入社会后将遇到的种种难题还懵懂不知，而今，随着年纪的增加和经历的丰富，所有的困难都变得日益鲜明。

尽管生日蜡烛的数目已经多到令人吃惊，但实际上我们还未真正成为一个大人。求职、结婚、职场生活、家庭生活……站在人生的重要关口前，我们一次次无奈地彷徨和摇摆。

我们究竟何时才能成为大人呢

高中时上汉字学习课，考试时遇到这样一道题："孔子把40岁称为什么？"结果我答成了"不感"，其实正确答案是"不惑"。除了因为两个汉字外形相似之外，可能那时的我还觉得"大人都没有感情"吧。沮丧的我在练习本上抄写了好几十遍"不惑",才背下了这个词。也许,那时我记下的,不仅仅是"不惑"这个词,还埋下了"等我到了四十岁时就不再感到彷徨"的期待。

然而,当我真正到了四十岁的年纪,才明白人永远不可能"不惑"。相反,较之青春时代,我们会经历更多的彷徨和摇摆。同时,我也再次感慨于先贤孔子的伟大。

随着年纪增长,渐渐地,我不再祈求我的人生中没有彷徨,而是决定勇敢地去承受。想一想借助钟摆来回摆动的力量不断前进的挂钟吧,如果因为讨厌不停摇摆的钟摆而将其固定,那这座挂钟就会停止计时。钟摆的摇晃,不是一种妨碍,而是促使钟表转动的动力。人生也是一样吧,使我们感到彷徨和动摇的诸多烦恼,不正是推动我们真正长大成人的动力吗?

这本书写的,正是关于成年路上的各种彷徨。如果说我的上一部作品《因为痛,所以叫青春》是试图就青春时代的苦恼引起共鸣,我创作该书则是为了与大家分享成人路上的困苦。因为我觉得,如果说青春的苦痛是来自不安,那么成年后的苦痛则源自彷徨。

10

成年后的苦痛源自彷徨

要真正长大成人，在彷徨和摇摆的过程中，我们注定会遇到许多问题。

"我为什么有价值？"

"我应该怎么应对人生中的失败和挫折？"

"我是应该沿着现在的路继续走下去，还是应该马上开辟新的道路呢？"

"我要怎样做，才能在婚姻生活中实现自己的价值和人生的意义？"

"那些生命中注定要背负的困苦，我应该怎样去承受？"

……

我写这本书，正是为了和你共同面对这些难题带来的苦恼。因为我想帮助你亲自去找到答案，而不是直接告诉你人生的正确答案。我想让你明白，哪怕现在的你还不够成熟，甚至总是失败，但只要慢慢成长，就一定能够书写出人生的精彩。因为人生不像跳远，一跃定输赢，人生更像是需要不停地跨越一个个障碍的跨栏长跑。

是的，我们还有很多的机会，哪怕跌倒了，也可以重新站起来。重要的不是此刻的成功与失败，而是有没有从成功中学到什么，有没有从失败中重新爬起来的勇气。

还未真正长大成人的成年人，加油

我听说，我的上一部书《因为痛，所以叫青春》在中国年轻人中也引起了较大的反响，这令我高兴，又让我觉得难过。高兴的是我的文字能够在别的国家，而且是和韩国最亲近的、历史悠久的邻国得到良好的反响。然而另一方面，这也反映了中国的年轻人也有着同样的困扰和苦恼，这着实令我感到难过。《因为痛，所以叫青春》这本书不仅在日本、中国台湾地区、泰国、越南、印度尼西亚等国家和地区，甚至在遥远的巴西、意大利、荷兰等国家都被翻译和出版，大概这个时代的年轻人所经历的苦恼，已经成为了一种国际性的痛楚吧。这实在是一个充满挫折的时代。

不过这本书不是单纯地讲述痛苦的书，而是帮助你为成为一个出色的成年人而努力奋斗的书。我衷心地希望，这本书中的只言片语能够为亲爱的中国读者朋友们的成长带来些许帮助。

　　中国的还未真正长大成人的成年人，加油吧！

金兰都

于春花烂漫的首尔大学校园

I.

站在人生的十字路口，
没有红绿灯

所谓大人，

也许并不是

年龄、婚姻、选举权、个人收入、税金等达到某种条件

时的"状态"，

或许，

说它是彷徨时也能够认清自己，

并逐渐走向成熟的"过程"，应该更恰当吧？

我们为何如此孤单

把变得空虚又轻狂的青春
像一次性餐具里吃剩的炸酱面一样
丢在大门口然后起身离开
这是一种幸福，让人流泪的幸福
——金素妍《幸福》

一个多年以前的学生来拜访我。刚当教授那会儿，我曾担任他的硕士论文指导老师。他毕业后工作了一段时间就成了家，之后去了美国，一眨眼的工夫，已经10年了。10年啊！还记得他毕业时，我们一起在研究室合影留念的情形，他在美国时我们互通信件，也仿佛就发生在不久前。在我眼里他还是那个需要劝慰和鼓励的年轻人，然而一转眼，他已经是个成家立业的中年人了。

在他的张罗下，那一届的学生们又聚在一起吃了顿饭。起初大家还有些拘束，不过很快就变得像从前一样亲热了。他们现在已经年近四十了，大家都已不是当年的样子，而在我眼里他们依然是年轻的学生。一番畅谈之后，有个学生这样对我说：

"如今我们的年纪都已经比当年的老师还要大了，老师也老了许多呢……那时候您可真青涩！一转眼的工夫，我们都老啦。"

这一席话让我着实惊讶，他们竟然发现了我当年的秘密。

那时我刚当上教授，努力端出一副教书先生的样子，原来给同学的印象却是幼稚的、青涩的。现在他们都意识到了，当初他们信任和追随的导师，当年也不过是个还不够成熟的30多岁的大人而已。

聚会结束，这个令我赧颜的问题仍然盘旋在我脑海中，挥之不去。

"那时候的我，真的是个成年人吗？15年后的我，现在是一个成年人吗？"

别人的世界，不是我的未来

其实我也有过和那位学生一样的感受。结婚生子之后，才突然意识到，不知不觉中，我已经到了父亲当年有我这个儿子时的年纪。小时候，我眼中的父亲和大人们的世界只是一个与我无关的"别人的世界"，而不是"我的将来"。在我眼里，他们是与我截然不同的一类人，他们没有烦恼，没有感情，就像机械一样按照固定的程序行动，所以总觉得那是成熟的成年人的世界。那时一直理所当然地认为："爸爸本来就是那个样子，成年人本来就是那个样子。"

直到我也到了父亲当年的年纪，参加工作、生儿育女之后，我才明白：原来，成年人也会彷徨。原来，成年之后和青春年少时并无两样，也有各种烦恼，也有喜乐哀伤。年纪再大一些时，我再次明白：不管生日蛋糕上插多少根蜡烛，也不可能帮助你变得成熟。不是虚长几岁，就能使一个人变得成熟的。

这就是大人们不能轻易展现给子女或学生的"成年人的秘密"。

如果我们做不到不断自省、不断成熟，时间永远不会把我们变成大人。

二十岁，人生的宴席

"人生的宴席，在三十岁结束。"

一位诗人为华丽的20多岁的尾声写下冷笑般的悼词。用悲伤的挽歌，哀悼曾经书生意气、挥斥方遒的大学时代，也哀悼小市民世俗生活的即将到来。

30岁过后，将迎来非常辛苦的时期。你将认识到，诗人那"宴席结束，赶快醒悟"的震喝并不是危言耸听。去书店转一圈，你会发现标题以"30岁"开头的图书数不胜数，这足以证明，30多岁的年纪，比人生中的其他任何一个10年都要辛苦和孤单。

为什么会这样？究竟是什么让他们觉得这么累，以至于20多岁年轻人的苦恼，在他们眼里都算得上是"宴席"？我在大学里接触到的20多岁的年轻人说，尽管他们并不想变老，但他们还是非常期待30岁赶快来到。因为那时候已经工作和结婚，从某种程度上说，人生已经变得非常安定。事实上，按照客观条件判断的话，30多岁应当比20多岁时更好才对。可为什么20多岁的年纪在他们眼里竟然如此"美好"，为什么30岁以及30岁以后的人生，会那么辛苦？

一切的一切都因为，我们要变成大人。

辛苦和孤单的30岁

至少我是这样认为的。我觉得30多岁，的确是我人生中最辛苦的时候。如果谁能让我回到20多岁，我一定会欣喜若狂，但若是要我回到30多岁，我定会一口回绝。那时我才结婚，刚刚变成一个真正意义上的成年人；面对庞大的开支，正陷入贫困境地；两个突然降临的孩子让我束手无策，不知该怎么应对……

30多岁的前半部分，没有固定工作，不知社会深浅，终日惶恐不安；30多岁的后半部分，终于找到了梦寐以求的工作，但身为菜鸟，在公司里还没站稳脚跟，每天东奔西跑。两个时期都是如此艰难和惨淡！现在想来，与其说那是30多岁应当经受的苦难，不如说是因为马上就要成为大人。万事开头难。无论是社会生活，还是婚姻生活，都是全新的经历，头一次扮演大人的角色，势必会觉得艰难。但是那个时候我却不懂，只知道抱怨生活为什么会这样，生活为什么这样对我。

我们什么时候长成大人呢？是按（韩国）法律规定，年满20周岁的时候，还是大学毕业之后，或者是工作了以后？是离开父母独自生活的时候，还是结婚了以后，或是为人父母之后呢？

当然，从法律上讲，年满20周岁就算是成年人了——撕掉了未成年人的标签，具有了法律上的完全行为能力，从不许吸烟饮酒的禁律中解放出来了。但是在人生的历程中，成为成年人却与这截然不同。成为成年人，意味着开始对自己和家庭的生计负责。也许经济收入或心理上的安定还没有太大改观，但你会渐渐感觉到人生责任的沉重，并一再感叹"唉，宴席果然结束了"。

世界，是未开启的盒子

写这本书的时候，我问过许多学生和刚工作的年轻人："你是大人吗？"大部分人的回答都是"我觉得自己还不是"。我问他们觉得自己什么时候能够成为大人，他们纷纷表示自己也不知道，但至少现在还不是。说实话，就连写下这些话的我，也不禁问自己："我是一个纯粹的大人了吗？"

究竟我们什么时候算是一个大人呢？现在的我们，是大人吗？

所谓大人，也许并不是年龄、婚姻、选举权、个人收入、税金等达到某种条件时的"状态"，或许，说它是彷徨时也能够认清自己，并逐渐走向成熟的"过程"，应该更恰当吧？

孔子曰，三十而立，四十不惑，"立"的意思是"心志坚定，能够坚守道德礼仪"，"不惑"即"对世事有自己的见地，不会轻易动摇"。中学时代国语课时背下了这些古文，以为到了文中所说的年纪，自然而然就会变成这样子了。所以每当除夕钟声敲响的时候，我都会反省和自责：为什么该有的道德礼仪我都不具备，为什么到了这把年纪，还总是不能坚持自己的判断呢？直到50岁，我才终于明白，摇摆和彷徨都是正常的，所以能够克服这些彷徨的孔夫子才会被我们推崇为圣人啊。

有时会突然发现，自己小时候非常讨厌的吃食，现在变得爱吃了，一些自己好像绝对不会做的事，竟然也自然而然地去做了，连自己都会被自身这些未知的面目吓到，进而感叹"啊，原来我的世界里，还有这么多未开启的盒子啊"。我们蜕变成大人的过程，就是小心翼翼打开内心的盒子，看里面装着什么或在里面装上新的东西的过程。

所以，不要再说"已经走到头了"这样的话，应该说"再往前走走吧"。不要因为"事已至此……"而止步，而应该激励自己"趁现在……"。甘地说："就像你会永远活着一般地学习吧。"

就算有时会摇摆，只要回望时能发现自己又比昨天成熟了一些，那么每一个脚印，都是你长大的足迹。

当你回望人生的时候，如果确信自己终于完全成为了一个大人，那么你的一生就是成功的。

如果不经历摇摆，就不能算是大人，那么只有经历千万次的摇摆，才能最终成长为大人。

如果说"因为痛，所以叫青春"，那么"因为摇摆，所以叫大人"。所以，即便彷徨也无妨，因为你我的彷徨，正是变成大人的必经旅程。

Amor fati
爱上你的命运

> 一生中，最光辉的一天并非功成名就的那天，
>
> 而是从悲叹与绝望中产生对人生挑战和勇敢意志的那天。
>
> ——福楼拜

当我看着炽热的日光下，紧紧黏在脚下的影子，就会这样想：大概每个人的命运中，都有一个像这团影子般甩不掉的羁绊吧？每个人都以为只有自己才有，其实是所有人都有。

每个家庭，都会有连家人之间也难以启齿的家事，只能将其遮掩起来，若无其事地过活，这种事有很多。有时，明明应当相亲相爱的人，却相互憎恶相互伤害，自己被夹在中间，什么都做不了，只能恨自己的怯懦；有时，深爱的亲人突然离世或者承受着无法治愈的病痛，自己却无能为力，只能背负这沉重的包袱。没有经历过的人可能很难理解这种命运羁绊的无奈。

25岁那年，我长大了

我25岁那年，得知了家中隐瞒多年的伤痛。当然，这并不是我的错，也不是他人的错。但它就这样发生了，事情最后就变成了那样。当家中的长辈接连辞世，而我却不得不独自面对时，我问老天："我究竟做错了什么，让我经历这样的痛苦？为什么要这样对我？"

就在我一个人心力交瘁的时候，偶然间看到了这样的话：

"如果什么都怪别人，雨伞上的雪也只会让你觉得很重，如果凡事能先从自身找原因，哪怕背负着钢铁也会觉得轻盈。"

的确如此。有时候，别人都没错，错在自己。当你接受了不管怎样都要去解决，都要去面对的事实，心里也许会好受许多。最后你会明白，无论发生什么，这都是你的宿命。

于是，在那一刻，我忽然长大了。当了解了自己生命中包袱的重量，我们就长大成人了。相比努力装作浑然不知，埋头于其他的事情的做法，显得更加老练；而相比认为事情本就如此，然后一笑而过的态度，又显得还很稚嫩。"长大"就是这样一个年纪。

爱上你的命运吧

参加访谈或讲演的时候，都会有一个听众提问环节。每次都会有人问我这样一种问题："老师，请问怎样面对失恋？"大概提问者正在承受着失恋的痛苦吧。通常我都尽量避免回答这种问题。碰到不得不回答的情况时，就只好这样说："就我个人而言，当时并没能克服失恋的痛苦。所以只能坚持，直到它成为往事。"然后再附带几句敷衍的解释："我不是一个什么困难都能克服的强者。但是有一点我可以告诉您：我并未觉得这是很大的挫折。所以只要坚持住就可以了，一切都会过去的，无论是痛苦，还是欢乐。"

这样回答完之后，气氛多少有点变冷，主持人和听众脸上，都流露出掩饰不住的失望。那表情仿佛在质疑："你不是讲师嘛，那至少应该说点什么啊。"人们永远都在等待答案，用渴望抓住救命稻草一样的心情，希望借助只言片语，支撑他们坚持度过痛苦的日子。我只好艰难地回答：Amor Fati，爱上你的命运吧。

一个深夜电台的故事

有这样一件事。

2012年2月的某一天，天气还是很冷，一个电台给我打来电话，说他们准备做一期叫《导师特辑》的节目，邀请我为听众做解答。那段时间我不接受任何采访和拍摄，所以就冷冷地推掉了。但过了没多久，他们又打来电话，恳切地邀请我参加这期节目，并告诉我这档节目叫《提高音量刘仁娜》。"《提高音量》……"大约是1996年吧，在我找不到工作，非常沮丧的那段时间，这档节目成了陪伴我的忠实朋友，当时的主持人还是李本。Youddy（刘仁娜的昵称）主持节目期间，加班到很晚回家的时候，我也常常在车里收听。于是我改变了主意，打算尽一点忠实听众的义务，接受了邀请。现在，我就把当天节目的内容贴出来。

刘仁娜：

最后一封来信，故事很长，也很让人心痛。我想对于这位听众来说，想要说出口应该很难，而且也不知如何说起吧。今天初次参加我们的节目，并让我们受益良多的金兰都教授表示，一定要向这位听众表达他的支持。那么，就让我们听听这位匿名听众的故事吧。

来信内容：

其实对我来说，能够把我的苦恼写出来，就已经是一种安慰了。这个话题，对我来说是个特别沉重的负担，我甚至都不敢把它展现在人前。因为不管是对我的家人，还是对我个人而言，都完全看不到一丁点希望。

要先从哪里说起呢？我们家开始变得穷困，是在我读高二的时候。母亲被确诊为乳腺癌晚期，就算做手术也不能保证能够救活母亲。为了支付手术费和治疗费，家里花光了所有的积蓄，万幸的是，母亲最终战胜了病魔。当时家境已经变得非常窘迫，不过我还是非常感恩，不管怎么说，母亲的病情总算有了好转。可是情况渐渐变得更糟，家里欠的债越来越多，而我们却没有能力偿还……最后父亲只好申请破产。这距离母亲做完手术还不到6个月。

当时我们家已经穷到租不起房子，一家人不得不在车厢里住了4个多月。即便是那时，我们也没有失去希望。父亲、哥哥，还有我，我们一起拼命挣钱。从跑工地，到发广告，只要是能做的工作都做了，最后终于勉强租了一间小房子。

当时真的特别开心……只要家人身体健康，就算不如别人富足，我也仍然坚信我们可以过得很幸福。但是这时我和哥哥必须入伍[①]了，要把父母独自抛在家中，这让我很不放心，但让我更想不到的是，没过几个月，更大的不幸降临了。

母亲癌症复发，父亲光是照看她就已经很吃力了，更不用说赚钱承担昂贵的医疗费了。境况变得越来越糟，父母过得异常艰难，他们每天努力挣来的钱，用来交完房租之后，剩下的就只能勉强糊口了。要是我能守在他们身边，也许我的心里能够好受一点。因为对我来说，辛苦几年真的不算什么，但是失去双亲却是永远无法挽回的。我下定决心，退伍以后无论如何都要好好照顾父母。但是这

----

① 入伍：韩国实行义务兵役制，20岁到30岁的年轻男性收到入伍通知后必须服至少2年的兵役。

时，更坏的事情发生了。

哥哥……哥哥不知从何时起，开始变得很奇怪。他不仅欺骗自己的朋友，借了钱就不知所踪，而且出去喝完酒，回到家里就耍酒疯，更过分的是，他竟然还想拿走母亲的治疗费。哥哥什么都不跟我说，所以我也不明白他为什么会变成这样。我想，可能是因为哥哥觉得不管自己怎么努力挣钱，不管自己做什么，都无法改变现状，所以才变得堕落了吧。于是我开始去印染厂打工，一面替哥哥还欠下的债，一面还要给母亲攒医药费。

父亲？父亲……父亲好像也打算放弃了。他只要一回家，就跟母亲吵嘴，至于他去哪儿了，做了什么，我们一无所知。

是的……到了这步田地，就已经非常艰难了。可是，事情远非如此。因为家中遭受突如其来的变故，所以我没上大学，也无法像普通人一样去体验职场生活。

只要我一天不去赚钱，一天不打零工，家中的生计就维持不下去。前不久，我自己的身体也开始变得不太好。然而，那些光是听着就让人觉得难过，光是提起就让人难过的事情，却并没有停止，继续不断地在我的人生中蔓延。

我被查出得了腰椎间盘突出。

可是，比病痛更可怕的是我的未来。连身体都变成这副样子了，我还有什么资格去拥有什么梦想吗？就算我努力了，我的家庭还能变得像从前那么和睦吗？我的父亲和哥哥还能够重拾信心吗？
我可以让母亲安心吗？这些都是遥不可及的奢望……一个人、一个
家庭经历了如此多的不幸之后，希望的种子还会发芽吗？我……还
能做些什么呢？我已经太累了，现在真的只想放弃。

很想坚持下去。
很想坚持下去。
很想坚持下去……
可，还……有可能吗？

播音结束，那些话语却久久萦绕在我耳边。"很想坚持下去。
很想坚持下去。很想坚持下去……"录音里一遍遍缓缓地重复着这
句话，我眼里的泪水也一颗一颗慢慢地落下。像是被比严冬还甚的
酷寒冻僵了舌头，我努力压抑着粗重的呼吸声，许久说不出话来。

有句话说"上帝对每个人的试炼，都是其所能背负得了的分
量"，但是这个孩子的神为何如此暴戾，为什么把那么多的苦难像
梅雨季的暴雨一样一股脑全都砸在他身上？当他已经困苦到这般境
地的时候，这个社会到底在做什么？为何一直袖手旁观？我已经气
愤到连话都说不出来了。

幸好节目是提前录制的，要是直播的话，就要造成播音事故

了。平时做节目很少NG的我，那天却总是中途卡壳。虽然心情平复了些，但是脑子里却还是一片混乱。命运在他身上留下的尘埃，我应该怎样做，才能帮他拂去一些？

蹰躇了好久，我才费力地写下了这些话。这是在尼采的书中读到的一句话，也是赵国教授经常引用的一句话。当一个女学生恳求着"教授，请您一定要看看这封信，这关系着两条人命"，把一个在穷困中濒临崩溃的家庭的迫切呼声用邮件传达给我的时候，我绞尽脑汁想到的也是这句话。

Amor Fati,
爱上你的命运。

金兰都：

听到这样的事情，我真的感到特别痛心。为什么这个世界非得这样呢……我想了很多。

但是除了鼓励你加油的话之外，我还想送给你这样一句话。

这是句拉丁语，叫做"Amor Fati"，它的意思是：爱上你的命运。

前些日子我收到了这样一封来信。信中讲述的困难，甚至比您的遭遇还要悲惨。对方的情况异常艰难和紧迫，我立即联系了女性家族部（韩国行政机关）和求助者所在的地方自治团体，请求他们对其进行救助。

除此之外，我自己也写了回信，把这句"Amor Fati"送给了她。大约过了一个月，我收到了她的回信。她说："刚开始听到'爱上你的命运'这句话时，真的觉得非常怨愤：'这样艰难的命运，叫我怎么去爱上它……教授您的话也太夸张了吧。'这是我最初的反应。然而随着时间的流逝，我才终于明白：如果我不热爱自己的命运，就什么问题都解决不了。"

我想，你的哥哥和父亲，可能也是因为无法接受和热爱自己的命运，所以才渐渐发生了转变吧。

很快，春天就要来了。去年的冬天，真的非常寒冷，雪也下得很大对吧？天气那么冷，真让人担心植物会不会被冻坏，到了春天还能不能发出新芽。不要忘记，在重重苦难之中，其实你的新芽一直在萌发。努力地去催生希望的新芽，并为此努力地去爱上你自己的命运吧！

我轻易不会对别人说"爱上你的命运吧"这句话，因为这句话其实很残忍。"命运"有时就像无论怎样挣扎都无法洗掉的刑罚刺青印记，叫人去爱上这样的命运，一个旁观者怎么能够轻松说出口呢？所以我也是做好了接受对方怨恨的心理准备，才艰难地说出了这句话。"爱上你的命运"，绝不是要你在逆境中认命和死心，而是只有接受了命运本来的样子，你才能够鼓起勇气坚持到底，这才是它真正的含义，同时也是我对你寄予的希望。

几个月过后，当时间的妙手几乎要把这段记忆抹去的时候，我收到了学生发来的短信。

说他在《提高音量》节目中听到了我的话。我听到之后很惊讶，因为那段时间我并没有参加任何节目，于是重新收听了一下《提高音量》，令我欣喜的是，在节目中，5个月前写信求助的那位年轻人，向我们介绍了自己的近况。

刘仁娜:

我们收到了一封让人惊喜的来信。很多听众朋友应该都还记得我们2月份播出的导师特辑中，向大家介绍过的那位听众吧? 他的故事让大家都很为他担心和难过，连那期节目中担任嘉宾的金兰都教授也落泪了，还为他留下了鼓励的话语。5个月过去了，这位朋友再次来信告诉了我们他的近况。我光是读到文字的时候，就感受到了一种不一样的心情呢。

来信内容:

您好! 我是上次导师特辑中讲述了自己故事的听众。当时我诉说自己故事的时候是这样想的: 应该能够听到一些开导或对策吧，不过实践起来应该也不容易……会对我有帮助吗？但是，教授给我的答复却是出乎我意料的。他并没告诉我什么对策。只是告诉我，那就是我的人生，哪怕再艰辛，再困难，那都是我的人生、我的家人……他还对我说，我应当去爱上自己的生活。

说实话，当时我并没有理解其中的含义。不仅不能理解，甚至还有点恼火。难道有的人就可以幸福地活着然后死去，而我就要继续这样不幸地生活下去吗？当时我特别沮丧，甚至觉得自己相信广播节目本身就是个错误。所以之后的两个星期我每天都喝酒度日，也不再收听广播。后来，我竟然冒出"不想活了"的念头。

但是，转念一想：就算我死……我也一定要给母亲治好病再去死，是的，哪怕父亲和哥哥都放弃，我也一定要给母亲治好病再去死。所以，之后整整一个月我都心无旁骛，只抱着这个信念努力地生活。每天只想着工作，只想着一定能治好母亲的病。

没有时间去想我的悲惨遭遇，没有时间去想各种事情、各种人，我也不再喝酒，我只是默默地忙着工作，忙着照顾母亲。这样过了大概有一个月吧，我渐渐觉得自己的生活变得健康了。

我不再去想那些让我无奈的事，不知不觉地，就开始集中精力做自己力所能及的事了，虽然，我的生活一点也没有发生变化，父亲和哥哥至今仍让我感到头痛，母亲的病情也一如从前，什么奇迹都没有出现，但是周围人对我的看法却变得不一样了，他们说我是一个积极的人，一个阳光的人，一个刚强的人。最近我常听到有人对我说："做得不错喔！""我们相信你！"

我一定要站起来，而且我相信我一定会站起来——这就是我现在的想法。怀着对母亲虽然生病但是她仍然在我身边的感恩之心，怀着对梦想中的未来的感恩之心，往后的日子，我会更加努力地生活。

几个月前我还不能理解的那一番话，不知不觉中渐渐地开始明白的那一番话，让我接受并热爱自己和自己的生活的那一番话……现在我好像理解了。

如果当初教授给我的答复是教我怎样能挣到钱，怎样做可以让家人改变，说不定我反而会继续受挫。感谢您教会我去接受自己的人生，并让我渐渐明白其中的道理。

谢谢金教授，也谢谢Youddy。

我再次一边擦拭着热热的眼眶，一边无奈地听完他的信。因为他"相信广播这种东西就是个错误"的抱怨而生气，又因他"竟然冒出的'不想活了'的念头"而涕泪横流。

当我听到他那一句坚定的"我一定要站起来"时，我擦干了眼角的泪水。

即使严酷的境况没有一点改变，但当你下定决心接受它，并且继续坚持下去的那个瞬间，你和你的人生已然发生了扭转。

这位朋友真的很了不起。虽然不知道他会不会看到这本书，我还是想在这里腾出一点空间，把当时没能说出的鼓励话语说给他。

不管怎样挣扎都无法解除的痛楚，其实我们每个人都有。每当在滚烫的日光下，看着那紧紧附着在脚下的影子，我总是会这样想：正是因为有明亮的光，所以每个人脚下才会踩着必须与之顽抗的影子。虽然阴郁的日子里看不到它，但是当人生的光亮倾洒一地的明媚白天，影子反而会更加明显。那影子，是必然存在的。

所以，请接受自己的命运，并与之抗衡。和它做朋友吧，纵然爱上这样残酷的命运并非易事，但这却可以说是至关生与死的重大问题。

我相信，只要你学会热爱那些令你痛苦的疾病和错误，以及看不到头的贫穷和孤独，并战胜它们，最后你的人生一定会活得精彩漂亮。你会慢慢学会"爱"自己的命运的方法。那崎岖又陡峭的命运之路，只要你坚持走下去，某个瞬间你会发现，你已经走到了一条平坦的幸福之路上。

加油。

改变自己的宿命的咒语

大约是2005年的时候吧，我度过了一段对我而言非常痛苦的时期。那时我的压力非常大，把各种安神药都试了一遍，还是无法安睡，甚至连呼吸都觉得困难。为了平复自己的内心，我开始像运动员一样进行表象训练，那时我一直努力想象的东西是核桃，把柔软的果实用坚硬的外壳包裹起来的核桃。因为我也想用核桃那样坚硬的外壳把自己破碎的心结结实实地包裹好，然后藏起来。在那段我迫切想结束却总是无法结束的日子里，核桃的形象给我带来了很大的帮助。

此后，每当我看到处于巨大的压力之中的朋友时，我都会劝他们去想一想核桃。

李海仁修女写的名为《某一种决心》的诗里，有这样一段话。

当心特别痛的时候，
我一定会下决心一天一天地度过。
当身体特别痛的时候，
我一定会下决心一个瞬间一个瞬间地度过。

正是如此。哪怕肉体经受着剧烈的疼痛，只要熬过那个时刻，就一定能够坚持下去。哪怕挫折的深渊望不到底，只要用核桃般坚硬的外壳把心结结实实包裹起来，下定决心一天一天地过，就一定能坚持下去。只要这样一天一天地过下去，终有一天，你能够云淡风轻地把它当成往事提起。

我认为，我们命运的羁绊，不是我们某个瞬间能克服掉的东西，而是我们承受着的东西。只要一刻刻、一天天地过下去，坚持下去，某一天，那令人深恶痛绝的命运也会同化成你生命的一部分，而你，最终将成为命运的"同行者"。命运的羁绊，也有可能会改变人生的方向。对自己命运的爱，是一种能量，它可以将逆境转变成活下去的勇气。就算再苦再累，也应珍爱你的人生，因为你是度过这人生独一无二的人。

让我们一天一天地过活吧。为做到这点，我们必须背诵一个咒语——在不知不觉中，可以改变自己和宿命的咒语。就像朝拜的虔诚信徒一般，不断重复以抚慰自己的心灵：

Amor Fati，

爱上你的命运。

坚持住，一切都会过去。

成年人的三座大山

> 我们必须习惯
> 站在人生的交叉路口，却没有红绿灯的事实。
> ——海明威

人生的三座大山

假设身为职场人的你已经结婚，并有一个正在上幼儿园的女儿。今天晚上的日程重叠，遇到了下面的情况，你会选择去哪里呢?

1. 公司的事情。

从国外来的重要客户想要和担任业务负责人的你见个面。他是你们公司的头号大客户，因为明天就要出国，所以今天晚上必须和你见一面。而且这个业务一直以来由你全权负责，只有你能应对这次会面。

2. 家人的事情。

今晚女儿将第一次参加幼儿园的才艺表演，女儿是这次话剧的主演，她已经恳请你多次了，希望你到了这天一定要去看她的表演。由于公务繁忙，总是抽不出时间陪女儿的你，也已经许诺了多次，说这次一定去。

3. 自己的事情。

凑巧的是，你年轻时奉为偶像的摇滚乐团今晚将在韩国开演唱会。可以说，正是他们陪伴你度过了有欢笑也有泪水的青葱岁月。他们已经好久没有演艺活动了，并且表示这次演出后，将解散乐队，然后环游世界，这将是他们表演的最后舞台。你早早预购了门票，却险些忘记演唱会的开场时间就在今晚。

最伤心的"我"

那么，今晚你会去哪里呢？

可能会有人觉得这种假设有点太极端了。但是不同于单身时期，对于参加了工作并结婚生子的成年人来说，有时真的不得不面对这样艰难的境况，并做出选择。事业、家庭以及个人，这三者之间的关系并不容易调和，如果非要给这样的关系命名，可以叫做成年人的三重困境。

每个人对事业、家庭以及自身的价值观各不相同，所以当真正遇到这种情况的时候，选择都是因人而异的。不过据我推测，在我们国家，相对于自己，很多人会选择家庭，然而比起家庭来，更多的人会选择事业。尤其是对工作多年的人来说，他们往往会毫不犹豫地选择处理公司业务，因为把工作放在第一位是他们的一贯原则。但是为了事业的成功而放弃一切的浮士德式做法，最后必将导致内心的空虚。深爱家庭的人，可能会优先选择家人，但是像韩国这样工作中毒的社会，如果高喊"家庭第一"的话，说不定什么时候，你在公司里就会被贴上"无能者"的标签。想要选择自己的事情就更不可能了，因为你会被公司和家人双双指责为"只顾自己的利己主义者"。

大概最不可能被选择的，就是去看演唱会吧。当然，尽管演唱会可能会位列"欲望"名单的榜首，但是真正这样做的人却极少。一般一个人会首先放弃演唱会，因为这样做的话，只有自己会觉得委屈，如果放弃工作或女儿的表演，可能会受到对方的指责。但是放弃演唱会的话，只要自己不去纠结，问题就解决了。人们在做选择的时候，比起自己最想选的选项，往往会倾向于选择受责备最少的选项。

但是，不管哪种情况，成年人的角色都很难扮演，最伤心的还是"我"。

一个来自中国的故事

住在中国上海的一个小学三年级的男孩，问整天工作且周末也不休息的爸爸："爸爸，你一天能挣多少钱啊？"爸爸不在意地答道："问这个干吗？一天也就能挣30块钱吧。"

一个月后的星期六早上，少年叫住了准备出门工作的爸爸。

"爸爸，等一下，我想雇佣你一天行不行？"

说着话，少年从口袋里掏出了两张20元的纸币，放到了爸爸的手中。为了攒够这40块钱，这一个月来，男孩省下了自己的午餐费，每天中午只吃两个包子。他把其中30块拿来雇佣爸爸，剩下的10块钱用来买了公园门票和爸爸的盒饭。

这是很久以前中国《北京新闻》上刊登的一则故事，读完之后我的胸口像是被什么堵住了一样。一个是为了生计连周末也拿来工作的父亲，一个是就了跟爸爸去公园玩一天而"雇佣爸爸"的儿子，这和韩国的情形有什么两样。接过儿子坚持了一个月从饭钱里省出来的40块钱，那位父亲的心情会是怎样？

我觉得，最重要的，还是要保持均衡。其实把自己弄得很累的，并不是这样的困境，而是一定要努力成为既忠于事业，又忠于家庭，自身也能做到最好的"了不起的大人"的强迫观念。打碎这种幻想，在听从别人召唤的"利他主义"和随心所欲的"利己主义"的拔河比赛中，维持着平稳的柔韧性，这不正是成年人的仪式吗？

最终，所谓人生，就是一场需要把事业、家庭、自我以及一切未知变数都处理妥当的无止境的杂技表演。在杂耍中，最重要的是不能只抓住一个球，别的球都不要了，当然，一个人也不能一下子抓住所有的球，而是要及时抓住每一个球，并努力维持好它们的均衡。想做到这一点，就需要合理分配自己的精力。只有分配合理，才能够游刃有余地去打理一切。

人生就是一场曲艺表演，处理完一件事，紧接着又要面对另外一件事。所以不要因为一个球掉到了地上就弯腰去捡，因为当你弯下身的时候，下一个球又飞来了。

开头的问题

如果把开头的问题抛给我，问我会怎么做的话，我想最后可能会变成这副局面。

首先，为了让女儿知道我来过，我会先去观看她的才艺表演。结果赶上下班高峰，我被堵在了路上，然而表演已经开始了。怒气冲冲的妻子发来短信，说就算去也赶不及了。这时突然想起还要去见客户，于是赶紧把车掉头，等到了约定的地点，发现客户已经走了。心想既然事已至此，那么赶去看演唱会吧，兴许还能看到结尾部分，于是匆忙赶往演唱会现场，结果到了以后，发现演唱会刚刚结束。

唉，光是想想就觉得难过，可这就是成年人孤独的生活啊！

或许，聪明的人，应该会这样做吧：

和客户约在离女儿表演场所不远的地方见面。跟客户表示，非常想把自己的家人介绍给他，然后和他一起去表演现场，并把妻子和女儿介绍给他认识。给女儿留下礼物和道歉的纸条，表明自己不能看到最后，等表演一开始就赶快离开。向客户表达谢意，感谢他的赴约，然后提出自己专程预订了演唱会门票，邀他一起去看。一起看完演唱会之后，和客户喝几杯啤酒放松一下，顺便聊一聊业务方面的事情。把对自己来说最重要的家人介绍给客户，并一起去看了以后再没有机会看到的乐队演出，这样一来双方关系也亲密了许多，谈起生意来应该也会有更好的结果，不是吗？

大家都是普通人，拥有普通的智慧，每天要处理的事情千奇百怪，可是又有谁能保证在每次的权衡和抉择中，都能这么聪明和智慧呢？

写给
想要放弃第一份工作的你

J，现在已经到家了吧？看你今晚的状态，好像无论如何都要喝上一杯的样子，该不会现在还在自斟自饮吧？别喝太多酒喔，毕竟明天还得上班。

今天你特地来找我，但我却没能给出你想要的建议，非常过意不去。所以找出了多年前你读大学时用的邮箱，给你写下这封信。

今天你说已经下定决心要辞职，因为你倾注了宝贵的大学时光考入的公司，和你所憧憬的截然不同。而去了另一家公司的B前辈告诉你说，他的公司好得"简直像在做梦"，他十分喜欢自己的工作，甚至每天上下班都会擦拭自己的办公桌，还因此受到了同事的调侃。然而你却不知自己为何如此糟糕，你说如果可以重来的话，当初就会去那家公司了。拿定主意的你提出的最后一个问题，直到此刻还回荡在我耳边。

"老师，不管别人怎么看，重拾年少时的梦想并没有错，对吧？我觉得现在一切都还来得及。"

问我这个问题时，你的目光是那么恳切。我能感觉到，那热切的目光不是在征求我的回答，而是在等待我的同意。因为我已经多次改变了自己人生的方向，所以你坚信我会比任何人都爽快地鼓励你；因为我是和你相处多年的导师，所以你相信我一定能够给徘徊在岔路口的你足够多的勇气。

不过，我还是送走了你，甚至连"加油吧"这样最平常的鼓励话都没说一句。我没能拍拍你的肩膀鼓励你，直到现在我都感到非常过意不去。

我非常担心，你那"年少时的梦想"为何偏偏在此刻突然占据了你的心。现在的你，应该正值努力适应第一份职业的时期。所以请你在畅谈梦想之前，先回望一下自己的人生吧。看看那个被你称为"梦想"的东西吧，它是你炽热生活中的绊脚石吗？是无助的你用以逃避现实的借口吗？

为什么你会想辞职？你应当再客观分析一下这个问题。是因为业务繁多令你感到疲惫不堪，还是因为觉得自己不适合这份工作？是因为自己的能力不足以胜任，还是觉得公司氛围不好或体系不够合理？是因为某几位同事或上司很难相处，还是觉得这份工作不够安定？又或是觉得公司待遇和福利太低？

那么，现在我再来问你，你想要离开公司，真的是因为想趁为时未晚"重拾年少时的梦想"吗？还是因为上面提到的那几条原因，把梦想当成自己借以逃避的托辞？如果是后者，那么我只能说你太怯懦了，你有负于那些信任你的人，也有负于你自己。快快醒悟吧，梦想这个词不该用在这个时候。

喔，别误会。我上面那些话，并不是为了怂恿你坚持现下的工作，也不会给你诸如"既然已经干了，就起码坚持一年再说"之类的"忠告"。瞧，我是站在你这边的，而不是你们社长①那边。

我只希望你能更加客观地看待自己。别使用"梦想"这种动人却容易让人麻痹的词语，而应该用最冰冷却最明晰的词汇冷静地分析，搞清自己为什么想要辞职，然后再做决定。只有这样，你才能做出不会让自己后悔的选择；也只有这样，当你离开公司以后，才能够不后悔、不踌躇、一步一个脚印地走出一条属于你自己的路。

虽然这话有点残忍，但我还是要说在前头。没错，我们工作是为了让自己生活得更幸福，但组织这种东西却不是为了让人们变得更幸福才存在的。个人与组织之间，存在着本质上的矛盾。也就是说，你面临的烦恼是非常普遍的，并非只有你一人如此。

上班这件事，本来就不像即将入职的毕业生们想象的那样浪漫和甜蜜。学校与职场，可以说有着天壤之别。一个是自己去花钱的

① 社长：公司负责人，相当于总经理。

地方，一个是自己去赚钱的地方，二者当然不同。所以对于不久前还是学生的年轻人来说，要适应职场生活，是件非常不容易的事。每天早早去上班，晚上很晚才回家，超负荷工作是常事。人际关系也不像校园里那样简单，而是紧紧围绕着工作这个中心上下展开的，公司新人自然处于这个人际关系食物链的最底端。

我知道，你大学时期非常优秀，并以非常优异的成绩进入了现在的公司，你的期待应该比其他人更多。所以，"J，当初就因为你入职成绩优异才看重你的，结果你就只有这点本事吗"这样的话语对你而言，很有可能是极具侮辱性的。毕竟在学校里，大家是不会这样跟别人说话的。自尊心很受挫吧？想一下，以你的水平，至少也是曾经受猎头公司关注的佼佼者之一，所以有"受到这样的对待，就没有继续待下去的理由"这种想法，也是可以理解的。

但是，学习的头脑并不等于工作的头脑。因为学校看中的是一个人的知识，而社会看中的则是一个人的行动。你在学校里学到的知识，还只是印在白纸上的字符，然而你在社会中需要践行的业务，则是刻骨铭心的"现实"。所以，刚踏入社会时，有挫败感是在所难免的，没必要太过失望，只要从现在开始继续学习和成长就可以了。

学习并逐渐成长，这一点极其重要。我绝不是要你更卖命地工作，以尽快成为受到公司认可的人才。我已经说过了，我是站在你这一边。我只是想告诉你，你正在成长。在人生的舞台上，职场可以说占据了半壁江山，你会在这里逐渐变得强大和成熟，这才是核心之所在。真正让你觉得幸福和满足的东西不是金钱，也不是升职或得到认可，而是你自己的成长。成长和存在一样，非常重要。

所以当你决定辞职的时候，不妨先别去管对公司有多少不满，而是先想想自己在这里能够学到多少东西，这才是最重要的衡量标准。当你想离开一个公司，不应当是在你觉得太累、坚持不下去的时候，而应当是在你看不到自己的发展和前景的时候。所以，如果只是业务、人际关系或报酬等方面的问题导致你想辞职，那么只要这个职位上还有你可以学到的东西，就值得再坚持一下。哪怕是小小的启发和领悟，只要慢慢积累，都能够帮你打造出更有价值的自己。当你觉得自己在这个位置上无法再有进步的时候，无论这职位待遇有多丰厚，多么闲适，多么让人难舍，都应该果断地放弃它。

所谓组织，就是极尽可能地要求成员为之奉献的贪婪存在，话虽如此，它也并不是把职员们敲骨吸髓一般狠命榨取的独眼怪物。就算只是出于职员幸福，组织业绩才能提高的经营理论，公司也会希望你过得幸福——虽然与其说它们是希望员工幸福，不如说是为了提高经营业绩。另一方面，职场是和家庭同样重要的生活领域，除去睡觉的时间，实际上呆在职场上的时间比呆在家中的时间更长。因此，职场可以说是人生成长的重要舞台。

请你一定要明智行事。不要把公司当成生计的手段，把它当成助你成长的道具来使用吧。想一想你接到录取通知，完成入职培训时怀揣的梦想，想一想你想变成的那个最优秀的自己的模样。只要相信你最初的梦想都会实现，那么无论处在任何逆境中，都应当忍耐，如果断定这个地方无法维持你最初的梦想，就潇洒地递交辞呈吧。这之后，你才有资格谈及你"少年时便存于心中的梦想"。

到时候，等到你真正能够谈及自己梦想的那天，再迈着轻快的步伐来找我吧。那时我定会尽我所能地给予你最大的鼓励。因为我深信，那时的你已经完全有资格变成更加强大的自己。

晚安。

即便今天宿醉，明天早晨也要看清上班的路喔，一如看清自己的心和自己的梦想。

兰都老师

另：B说要去留学，下周会来找我帮他开推荐信。只是现在还没对任何人说，记得保密呀。

连续19次面试失败，
最后成为出版社社长

　　K君，首先要跟你说声对不起，之前的确是我考虑得不够周全。

　　我只是太想知道那些正在找工作的读者的感受，所以就拜托你为我的书写了阅读反馈。却事先没有想到，那可能触及你不想被提及的伤痛。

　　你在反馈卷上写了长长的一封信。你说你挨过了漫长的复读岁月，最后终于怀揣着饱满的梦想，步入了大学的殿堂，然而你做梦也没有想到，毕业后为了找工作，却付出更漫长的岁月。你问我是不是没有想到，有些人的挫折在于，我书中提及的那些烦恼——关于第一份收入、第一份工作、职场人际关系的，他们甚至连感受的机会都没有；你问我是不是没有想到，在这个没有平等和正义可言的国家，复读生们不得不经历的"虚度青春的痛楚"。

　　真的很抱歉，我的确没有想得这么远。之所以写这封信，一来是想为我的考虑不周表示歉意，另一方面，也是为了鼓励你一定不要丢掉那股坚持不懈的勇气。真心地希望这封信寄出得不算太晚。

我们身处的这个社会，其结构中充斥着诸多矛盾，这一点其实我也深有体会。

还记得上世纪80年代我参加大学书友会的时候，曾经学到过"巴莱多定律"，又被叫作二八法则，讲的是关于经济不平等的内容，它说社会上20％的人掌握了80％的财富。如今，30年过去了，关注一下最近美国的"占领华尔街"示威活动，你会发现，举着"我们是那99％！"的标语牌表示抗议的群众变得越来越多。这个世界已然成为那1％的上层人的世界。虽然不知道这个统计数字是否属实，但是我们可以感觉得到，这个社会的不平等不仅没有得到缓和，反而从20∶80上升至1∶99，变得更加尖锐和严重了。

直到2000年，韩国的经济还一直保持着持续上升的趋势。那时还需要不断增加新的劳动力，所以在当时来看，就业还没有那么困难。不知道从什么时候起，经济增长已不同于往日，新的就业岗位也不如从前那样多了。而生于国民收入较高的时代、对就业要求逐渐变高的新一代的年轻人，已经不像从前那样什么工作都肯干了。他们面临着现实带来的二重，甚至是三重的痛苦。

面对如此形势，那些国家的领导者本应聚在一起，想方设法创造更多更好的就业岗位，然而他们却更关心个人利益，或是如何再次当选的问题。当这些人为了保住自己的饭碗纸上谈兵或滥行对策时，你的痛苦却变得越来越深了。

换个角度思考，我们不应该束手等待居高位者为我们解决这些问题，而应该汇集所有人的力量，做一些我们力所能及的事情。但是就算解决了社会矛盾，仍然必须有另一个变化，那就是你自己的改变。优秀的外科医生能够摘取患者体内的肿瘤，但如果患者本人没有重新站起来的意志，想要恢复健康也是非常困难的。关于解决社会结构问题的政治、经济对策，请原谅我在这里无法一一细说。接下来我想谈谈关于你的问题。但是请你理解，我并不是说所有问题的根源都是由于你自身的不足，而我们这个国家却没有任何责任。

前不久我去了一趟中国的青岛，得知那儿有一种竹子叫做"毛竹"。毛竹种植之后，5年内都不出笋，丝毫不见任何变化。但等到5年过去后，从某个瞬间开始，它将以每天几十厘米的惊人速度疯狂生长，直到蹿至25米的高度。神奇吧？事实上毛竹在那5年之中并非丝毫不长，它一直在向地下扎根，为了将来的飞跃有条不紊地做着准备。待时机一到，它会生长得比任何植物都快，都高。

我觉得我们的人生和毛竹非常相似。把水加热到100摄氏度以后，无论再怎么加热，水温都不会再升高。如果就此放弃，热水很快也就冷却了。但是如果坚持不懈地加热的话，水就会变成蒸汽，升腾到空中。为了实现质的飞跃，在这之前，我们必须要坚持度过丝毫不见成果的隐忍的岁月。

所以成功才显得如此困难。如果付出10分的努力，当下就会有10分的成果展现在眼前，那么所有人都会去努力。但是现实并非如此。有时候你面临的局面，就像加热100度的水一样，无论再怎么努力，都看不到任何变化。很多人在做出或多或少的尝试之后，最终都选择了放弃。但是这期间一直默默坚持着，洒下滚烫汗水的少数人，最后终将尝到成功的甜蜜。

K君，请坚持下去。

你就像毛竹。你就像即将达到沸点的翻腾的热水。

我们每个人都在等待机会。要是能遇上扭转人生的金子般宝贵的机会，就更加难得了。很多人都会感叹说，那样的好机会绝不会降临在自己身上。但所谓机会，正是"准备"的同义词。如果不做好准备，那么也只能眼睁睁看着降临的机会飞走，甚至你可能都意识不到机会的存在，就让它白白溜走了。只有有条不紊地做好准备，才能够抓住小机遇，并将其发挥大用处。

阳历的6月21日，也就是夏至这天，是一年之中太阳照射纬度最高、白昼时间最长的一天。但是众所周知，这一天并不是一年之中最热的一天。夏至过后，太阳持续炙烤大地，8月初才是一年里最热的时候。太阳并不会因为夏至这天自己不是最炽热的就感到沮丧，也不会因此而放弃。

所以，机会还没到来的时候，恰恰正是最好的机会。

做足准备吧，就像毛竹、沸水和太阳那样。

其实我有点担心，担心你在为了寻找人生中的自动扶梯而徘徊。各种专业资格证书、终生有保障的稳定工作……这些东西，好比你迈出第一步后，就能一次性将你带向成功的自动扶梯。但是我们的生活中并不存在这样的自动扶梯。等你真正了解了那些曾让你艳羡不已的职业，你就会明白，其实那里也存在着激烈的竞争和无数的烦恼，因为生存本就是一场战斗。因此，职场并不是自动扶梯，无法将我们一次性带向目的地，而是一步步的阶梯，让你在向上攀登的过程中，找到自身的价值。

当你乘上一趟巴士，可能会不得不先站一段路程。可能车上所有的乘客都是坐着的，只有你一个人必须站着，这种时候最让人郁闷了。但说不定对于坐着的人来说，站着反而是一件令人羡慕的事情呢！再者说，那些坐着的乘客，谁也不会去嘲笑站着的人。反正巴士已经开动，载着我们向目的地驶去了。

K君，尽管现在你的求职历程有些不顺，但并不代表你的人生也就此止步了。人生的巴士一直在往前行驶，只不过你是站着的，比那些坐着的乘客更辛苦一些罢了。千万不要因为如此，就觉得自己低人一等，也不要对坐着的乘客心生抱怨。真的想要坐下，那就先下车，然后等待下一辆有空位的车就可以了，必要时还可以折回起点坐车。所以，你不妨先回到原点，准备新的开始。只要你想，一切都还来得及。

发射人造卫星的火箭，不可能在一次推进后，就顺利进入轨道。它要经过一级分离，二级分离……只有分阶段燃烧燃料，然后将其分离，最终才能成功驶入轨道。我建议你也在适当的时候，抛开一些东西，例如你至今无法克服的懒惰、既得利益、自尊心、机会成本等。等你丢掉它们再回头看时，你会发现，其实它们并没有什么价值。

只有像火箭分离那样把身上的惰性抛掉，你才能发现自己更轻松的样子。那时你将感受到一个更上一层楼的自己，能够朝着梦想再次飞跃。所以，做好再次起飞的准备吧。

我来给你讲一个我朋友的故事。他大学毕业后，连续经历了19次面试的失败。即便如此，他也只能数着自己失败的次数，熬过那些日子。刚开始他还觉得，头几次面试受挫是在所难免的，但是当他面试了10多次，将近20次的时候，他说，令他感到痛苦的，已经不再是求职失败的沮丧，而是自己不被这个社会所接受的羞愧感。当"我"的存在被整个世界拒之门外，这种感觉有多么悲惨，我想你应该能够理解。

如今，他已经坐上了社长的位置。他说，每次公司面试应聘者的时候，他都一定会补充这样一句话："我们要挑选的不是最出色或最优秀的人，而是最适合这份工作的人。有些人可能在某一领域非常突出，但若把他放到其他领域，他可能就会变成一个非常无能的人。"

道理就是如此，你被公司婉拒，并不是因为你太无能，只是你还没有遇到能够认可你的世界，以及最适合你的工作罢了。你要牢记这一点：从最底层做起并不悲惨，悲惨的是连尝试都没有尝试。因为第一份工作并不能诠释真正的你，最后一份工作才可以。

K，就算有时感到失望，也千万不要气馁。最重要的不是你能不能奔跑、会不会跌倒，而是你跌倒之后有没有爬起来的勇气。

现在你正经受的这些时光，也许正像毛竹需要经历的那5年一样。迄今为止你投出的那些石沉大海一般的简历，也许正是促使100度的沸水蒸发的火花。那些等待的价值，很快就会实现。我相信，很快，毛竹就会飞速长成世界上最高的竹子，很快，沸水就会变成自由自在的气体，飘向广袤的世界。

真心地希望这本书中的某一字、某一句能够帮助你重拾信心。

祝你成功。

金兰都

　　再启：关于前面提到的那位面试失败了19次的朋友，我挣扎了好久，还是决定把他的名字说出来。他就是负责出版该书的文学社区出版公司的姜炳善代表。如果不是他，大概我也没有机会借这本书给你写这样一封回信。所以，就让你我二人感谢他那无数次的失败吧。

我会穿着什么样的内裤死去

活下去吧，

努力活下去吧，

不活着，就是个错误。

——柯林·威尔森 《旁观者》

不能去死，所以就活着

你是非常重要的。即便现在还处于一事无成的境地，你也仍是富有价值的。

然而，人不是因为有价值才活着，而是因为活着，所以才有价值。

大三时，我们系的社团为了举办学术节，采访了成功的前辈，同时募集了资金。我们组访问的那位前辈，是一位首席法官。他大学期间就通过了司法考试，并以非常优异的成绩毕业，工作后，他在同一批同事中总是独占鳌头，所以平步青云，最终成为了备受拥戴的头号大法官（韩国最高法院法官）候选人。总之，他可以说是全国的法学系学生们的榜样。

一天傍晚，我们去他的办公室采访了他。见到我们这群特地来拜访他的后辈，他非常高兴，执意要请我们吃晚饭。一起吃了烤肉之后，我们又去了一家雅致的小酒馆。酒至微醺，大家已经不像在办公室时那么拘束，坦诚地聊着各种话题。当七嘴八舌的人群突然安静下来的时候，一个朋友这样问那位前辈：

"您为什么活着呢？"

酒桌上冷不丁冒出这样的问题，而且还是个没头没脑略有些不礼貌的问题，气氛顿时就冷了下来。大家齐刷刷地看向那位法官前辈，想知道他会有什么反应。然而他的回答让我们倍感吃惊。

"因为不能死，所以就活着喽。"

不是自嘲，也不是玩笑，既不悲壮，也不是戏谑，但那种语气仿佛承载了许多的含义。我非常惊诧。大韩民国过着最让人羡慕生活的人，他活着的理由仅仅是因为"不能去死"？

那么，拼了命想变成他那样的我们，又算什么？

倘若他的理由是"为了实现大韩民国的司法正义"之类的伟大道义，或是"一定要做一次大法官"之类的个人理想，我都不至于那么惊讶。当时22岁的我只是模模糊糊地觉得：

"原来无论取得多大的成功，人生都会有无法填补的空虚啊……"

自己为什么有价值

如今，我也快到了那位首席法官的年纪。

那么，我们为什么活着？我们的生活为什么有意义？

人们总是认为，一定要取得能够被社会认可的突出业绩和成就，才能算是有意义的存在，其实并非如此。就算是大韩民国所有的法律系学生最崇拜的首席法官，在他对自己生命的尊重面前，那些成就也不过如海边的沙堆城堡一般渺小易逝，一个浪花过来，就被冲毁了。所以，一个人的价值，是自己赋予自己的。只有意识到自己的高贵，才能够真正地尊重自己。只有这样，才能够作为一个大人去生活。成年人内省的作用，就是要认清自己的价值。

自己为什么重要？当自己处于一事无成的糟糕境地时，为什么仍要觉得自己有价值？在我看来，主要有三方面原因。

第一，有你爱的人，有爱你的人。

参加突然辞世朋友的葬礼，心里想着，说不定下个要离世的人就是我了。这样想，并不是平白地感伤。朋友是那么健康的一个人，可是突然就因为心脏麻痹去世了。这种事情要是发生在我身上，我也同样束手无策。每次开车遭遇令人心惊胆战的状况，我就会像某位诗人描写的那样，想想自己今天是不是穿了干净的内裤。

经历了三次轻微的车祸之后，我就完全变成了一个胆小鬼。只要车速接近80公里每小时，我就会紧张地死死抓住前面椅背上的把手，并且飞快地回忆自己是什么时候换的内裤。

摘自吴奎源 《死后的内裤》

死的时候穿了什么样的内裤，这跟别人有什么关系，不过即便如此，我还是很想知道，我会穿着什么样的内裤死去。

于是我就想象了一下穿着寿衣的我躺在自己葬礼上的场景。在某医院的葬礼礼堂13号厅里，我的照片被放大了摆在正中央，相框上裹着黑色的绸子，我的老婆和两个孩子穿着丧服站在右边。人们随过礼之后走进礼堂，献上一炷香或一束菊花，和我的家属行过礼之后，就去隔壁喝一碗牛肉汤。或许有人会聊起我生前的种种，并为此伤心难过，但可能也有人忙着和久违的同窗旧友叙旧聊天，几乎快要忘了参加的是谁的葬礼。

当我生命终止的时候，在我的遗体告别式上体现出的价值有多少呢？不正是因爱我而伤心和因恨我所以伤心的人的总和吗？如果现在我将死去，最让我放心不下的，不是我攒下的钱或得到的职位，而是我最爱的人们。当有人因为再也见不到我这个简单的事实而心痛时，那就证明了我的价值。

我所深爱着的人们，以及爱着我的人们，他们就是我的价值。

这与我挣多少钱、身居何位无关，无论在别人看来我多么糟糕无能，只要有和我分享爱的人，那就是我死前创造的价值。爱人和朋友的数量多少，其实也不重要。即使能证明我人生价值的人只有一两个，那也已经足够。只要用心地爱过他人，也被人用心地爱过，这样的人生就是有价值的。每次觉得人生苦海无涯时，我就会想起我爱的人。那些想被他们继续爱着的希望和让自己变得更值得被爱的决心，促使我更加努力地活下去。

所以，即便你处于糟糕境地，但只要有你爱过的人，你的生命就是有价值的。

第二是因为，你还能让这个世界变得更好。

不一定要做出捍卫世界和平的伟大壮举，只要能让这个世界变得更好一点，或者让他人变得更幸福一点，就是令人非常开心的事情。和儿子一起拼出了一个乐高模型，也让人觉得开心，仿佛真的创造出了那样一件物品；栽几盆小花，打扫一下家门前的路，也能让地球上的一个小小角落变得更美。让人快乐，与人方便，只要能让这个世界变得更好，哪怕只是一点点，那就是我的价值所在。

不一定要有多大的才干，也不一定要捐出多少钱，哪怕只是做好自己的本职工作，扮演好自己的角色，我们就是在为这个世界做贡献。就拿我自己来说，我只是一个毫不起眼的普通人，但是身为老师，只要我尽自己最大的努力，教授学生知识，帮助他们完善自我，他们就会变得更优秀一点，这个世界就会变得更美好一点。不仅仅是老师，贸易公司的职员努力推出更优质的产品，面包店的师傅努力做出美味的糕点，总之，只要不去偷盗行骗，只要能做好自己的工作，这世界就能变得更美好一点。

自己所做的工作能对几个人产生影响，也并不重要。至少母亲、妻子是能够让我的世界变得温暖的重要存在。如果没有一张包裹疲倦身躯的毯子，就算躺在大理石和黄金砌成的宫殿里，也无法放松地休息。家庭主妇就像是这样一张毯子，虽然不耀眼，但却必不可少，正因为她们并不耀眼，反而更显得弥足珍贵，因为只有她们能把你的幸福温柔包裹。在锅碗瓢盆的音符中忙碌的妻子，她那小小的肩膀，对于我而言却是整个宇宙。

所以，只要你能让世上的某个人觉得更幸福一点，就算没有几个人认识你，你的生活也是有价值的。

第三，因为你正在一点点改变。

有一回演讲时，我曾经把人生比喻成智能手机——一部随着开发的应用软件越来越多，功能也变得越来越强大的智能手机。很多年轻人都能够轻松玩转手中的智能手机，但当他们一听说"人生"这部智能手机只能用来打电话，就立刻变得抱怨和不屑。我个人非常喜欢智能手机的这个比喻，其实这个想法是在读尼采的著作时想到的。

用尼采式的表达来说，每个人都是具有某种卓越价值的完成体。尼采的"超人（ubermensch）"思想非常有名，他认为超人并不是从深山来到俗世的得道高人，也不是像上帝一样的绝对存在，而是拥有着"个别可能性"的任何一个人。尼采认为"人类为了完善超越性价值，每个瞬间都在做着希望不断克服自我的决断"。

我们每个人都有美到极致的一面，为了使它再有一点突破，人们一直在和自己的极限努力地做着斗争。尼采的思想很精彩，但是表述起来却很困难。我一直苦于不知如何表达才能让学生们更容易地理解，后来就想到了智能手机的例子。无论是智能手机也好，尼采也好，我想传达的信息只有一个："努力成为一个你能做到的最好的自己吧。"

所以，就算你不能创造出翻天覆地的变化，但只要朝着最好的"我"的方向努力，你的生命就是有价值的。

那么，怎样才能成为"最好的自己"呢？

那副我们每个人都拥有的"超人样子"，并不是一下子就能做到的。超人就在你不断克服自我的努力中。而且，无需被他人认可，因为核心就是自己。所以，超人追求的不是令人艳羡的收入或职位，也不是多么出色的爱人或子女，而是在一点点的学习和成长中，让自己变成一个更丰饶的存在。换句话说，世人的评判不能创造一个人的价值，只有自己为了成为自己的超人而付出的努力，才能创造一个人的价值。我们，就是我们所尝试着变成的那个样子。

这种尝试往往是一点点实现的，所以最重要的是每天都能为感到自己逐渐变得更好而开心。人的幸福不是一个绝对值，而是一个考核分。人并不是只有达到某个绝对值，才能变得幸福，而是觉得自己今天比昨天、现在比期待中又进步了一点点的时候，便会觉得幸福。

要如何做，才能够变成更丰饶的自己呢？丰饶不是可以"拥有"什么东西，而是指自己"变得丰饶"。所以，相比拥有什么，更重要的是经历过什么。拥有的东西早晚都会失去，但经历却是人生的一部分，是任何人都抢不走的。多去体验和学习，并在这个过程中成长，这就是人生的丰饶。

你的人生是有价值的。

能够再多爱一点人和被多一点人爱的你，是有价值的；富有使命感，帮助他人，让世界变得更美好的你，是有价值的；为了完善自我而一点点不断经历和学习的你，是有价值的。

最有价值的，是一切从现在开始。

人生的海因里希法则

美国一个保险公司的安全工程师海因里希，在分析了各种生产事故以后，得出一个结论：如果有一起重伤事故发生的话，根据统计，之前因为同样的原因造成轻伤的人会有29名，而因为同样的原因或隐患险些受伤的潜在人群则有300名之多。

因而海因里希法则又被称为"1∶29∶300法则"，它是产业灾害预防和风险管理领域中非常重要的理论。这一原则说明，一次大的事故并不是偶然发生的，而是已经发生过29起轻伤故障，并且出现过300次的"差点出事"的隐患后才发生的。我之所以提到这个法则，是想表达：即便是很小的隐患，我们也应当彻底解决。

但海因里希法则更可怕的地方，在于人们往往以相反的思维接受它。"不用担心，我已经经历了300多次，什么事儿都没有"，就算出事，也不过是29次轻微事故而已。如果毫无警惕性的话，早晚会发生无法挽回的灾难。

我们在生活中，也会重复相同的事情。其中最有代表性的，就是酒后驾车。平生第一次酒后驾车时，几乎没人会发生酒后超速，或者遭遇平生无法挽回的事故。因为小酌了几杯，所以回家的路上小心翼翼地开车，没有超速，也没有发生事故，这样的事情反复几次之后，"不会有事"的想法就越来越坚定，慢慢地，酒后驾车就变成了常事。殊不知，这种"什么事也没有"的小隐患，正在朝着酿成大祸的临界点不断累积。一旦某天突发"大事"，后果就不是超速那么简单了，有可能会给自己和别人带来无法挽回的伤害。这就是海因里希法则可怕的地方。

其实又何止酒后驾车如此呢？成年之后的我们，总会犯下或大或小的过失，如果因为没有出事，就认为以后也不会有事，最终会像奥斯卡·王尔德的小说《道林格雷的画像》里一段话里讲述的那样：

如果他的人生中，每当犯下罪行的时候，能够受到惩罚就好了。惩罚可以令人得到净化。一个人向神祈祷的时候，不应说"请原谅我们的罪"，而应说"请惩罚我们的不义"。

相貌出众的青年道林格雷得到了一幅自己的画像，那之后他本人便不再老去，而是由画像代替他老去，尤其是每当道林格雷犯下恶行的时候，画像会代替他变得凶残丑陋一点，然而他本人却一如既往地美丽。保留了青春和美貌的道林格雷，在人生最后的悲惨时刻，才发出这样的感叹：如果每次犯下罪行的时候，都能够付出相应的代价，也许他就不会变得如此堕落。

如果道林格雷能够把海因里希法则应用到自己的人生中，我想也许他就能避免酿成最坏的悲剧吧。

今天你有犯下平安无事的过失吗？那不是万幸，而是不幸，是你收到的警告。海因里希法则仍在继续，在事故的现场，也在你的人生中。

爱生病的人，更容易长寿？

只有空出来，才能去填充，
缺陷是含有希望的可能性。
——崔俊英《享受缺陷》

"多病者长寿。"

虽然听起来很矛盾，但是我非常相信这句话，因为这是我的个人经历。

父亲是位身体特别健康的人，从来没生过病，他非常喜欢下象棋，所以经常和朋友们一起熬夜下象棋，第二天早晨还能像往常一样去上班。在我的记忆中，父亲的脸总是红扑扑的，泛着健康的光泽。

1987年初冬的一天，回到家之后我发现父亲不在，后来得知父亲住院了，我慌忙跑到医院，却意外地发现父亲正在病房里一边吃着水果一边在高兴地看着电视。他说白天在上楼梯的时候，感觉头很晕，快要跌倒了，觉着像是贫血，所以想去医院开一点药吃，家人想让父亲仔细检查下身体，于是给父亲办了住院手续。父亲还说："既然晕倒了，就趁势休息休息吧。正好最近不是太忙，能抽空休息几天，心情真是不错啊。"

父亲向来身体健壮，住院那天看上去气色也不错，我就没怎么担心。但是过了几天，医生对我说："监护人过来一下。"对于自己是父亲的"监护人"这一事实，既觉得新鲜，又颇难为情，结果医生的话就像是晴天霹雳。

"已经是肺癌第四期了，我们也无能为力。"

我真的不敢相信这一切是真的。这消息从医生口中说出来时，他语气是那么平静，我恨不得上去掐住他的脖子。身体一直都很健康的父亲，甚至连感冒都没得过，如今居然已经到了癌症晚期。医生说，父亲最多还可以活6个月，然后，劝我们给父亲办出院手续，因为已经没有办法医治了。

从那天起，父亲就像中了魔咒一样，开始一点点变得消瘦，然后5个月之后就去世了。曾经那么健康的父亲，就这样撒手人寰。

然而，家族中一位和父亲同岁的长辈，年轻时就患上了慢性肾炎。我曾和那位长辈一起吃过饭，当时真的很吃惊，他不能吃盐，所以他吃的饭菜几乎一点盐都不放，完全没味道。有句俗话叫"成为像盐一样的必要的存在吧"，直到那天，我才意识到盐是多么重要的东西。真不知道这种食物长辈每天是如何下咽的，当时，长辈好像看穿了我的想法，就对我说："去外面吃饭也是很麻烦的事，习惯就好了。"然后拿起一点作料都没加的海苔，津津有味地吃了起来。长辈的身体好转以后，由于旧疾的原因，他不再吸烟，喝啤酒也不会超过一瓶，而且他坚持每天爬山锻炼身体。

前几天我还去看望了那位长辈，现在他已经年过八旬了，却还像以前一样精神，也许是因为父亲与他同岁的关系，每次见到他，我就会想到父亲，如果父亲还在世的话，如今也该80多岁了……

健康的人早早地离世，而顽疾缠身的人却活到了80岁还仍旧能打高尔夫，我想，如果父亲生前身体也有小恙，让他能够时刻注意养生，不会每天都抽几包烟，也不通宵下棋的话，说不定父亲能活得更久一些。要是那样的话，母亲也不会孤身一人了。我讨厌父亲的健康。

所以我坚信：多病者长寿。

健康，是自我管理问题

2011年年末，初冬的某一天，该来的终于来了，我的腰扭了。并没提什么重物，只不过连日来伏案写作，在做简单的拉伸时，腰部突然感到剧烈的疼痛。身为整形外科医生的弟妹，大老远跑来给我做了按摩，贴了膏药，打了针，又吃了止痛药，做了各种应急措施，痛症才得到了很大的好转。

人心真是难测。病痛的时候下定决心一切都会遵从医嘱，但是一旦病况好转，我的想法就立刻变了。弟妹悉心嘱咐我的那些注意事项，我全都没有好好地遵守。

某个周末，当时我的腰痛还未痊愈，仍和家人们一起去了滑雪场。由于腰疼，根本没法滑雪，所以一开始就放弃了滑雪的念头，但是开车也是个问题。因为高速公路堵车，所以在车里一坐就是好几个小时，腰痛变得更严重了，站也不是，坐也不是，就连躺着也疼痛难忍。

好不容易躺下了，又不能自己翻身，也没法自己起来。拍了片子才知道，我患上了腰椎间盘突出。那种痛苦，只有得过的人才知道。正常的生活完全被颠覆了，幸好赶上放假，不然连课也没法去上了。

打那之后，我才真正成为了一个老实的患者，按时吃药，坚持去医院接受物理治疗，就连极其痛苦的韧带强化注射，我也老老实实地去打。将掺入了高浓度葡萄糖的注射液注射到腰部和背部韧带等很深的地方，那种钻心的疼痛，不是一般的静脉注射能够相提并论的。家里的老二坐姿也不正确，所以有一次我特意让他看着我打针，想要告诫他"如果你的坐姿不正确的话，老了以后，你也要像我一样打这种针"。粗粗的针头在身上足足扎了有

30多次，明明是寒冬腊月，我的床单却被冷汗浸得透湿。看着自己的老爹打针的惨样，二儿子的脸吓得煞白。不过遗憾的是，那之后儿子的坐姿似乎也没有改正，坚持了几天之后，又变得和从前一样了。或许只有他自己经历了这种苦痛之后，才会真正努力去改变坐姿吧。

这让我想起了父亲葬礼那天，我和比我小两岁的弟弟一起发誓不再吸烟，因为我们不想再给母亲第二次这种伤害。但是20多岁的小伙子的意志，就像是烟灰缸里的烟灰一样柔弱。没过几天我又开始吸烟了。人好像都是这样，如果不是自己亲身经历，就永远不会领悟到其中的道理。

熬过了两个多月的痛苦之后，虽然行动还是不方便，但日常生活总算可以应付。腰椎间盘突出，都是由一些坏习惯导致的。错误的姿势，运动的缺乏，腹部的肥胖，这些都会引发腰病。所以与其盼望彻底根治，不如改变生活习惯，使腰痛病不再复发。

在像噩梦般的"椎间盘回忆"之后，我曾经一成不变的生活，也开始发生了改变。每周坚持做三次运动，每顿饭的饭量也减少到原来的四分之三。当然，由于繁忙的工作与应酬，做到这一点也是很困难的。生活变得跟以前不同了。在以前，当决心动摇或者生活习惯又被打乱的时候，我就直接放弃，回到原来的状态，现在我会再次下定决心重新开始。

直到现在，我的腰也不是很好。坐在桌前写作一小时以上的话，就会痛得厉害。（写这些文章的时候，我也是一会儿站起来，一会儿又坐下，如此反复着，勉强写完的。）不过，我觉得这个仇敌一般的腰痛病，到底还是救了我。因为只要腰还痛，我就不会忘记要少吃多运动这条铁打的健康规则。从这个角度看，对于我来说，腰痛病也是一件礼物。

　　年轻时候的健康，在某种程度上看是天生的，不过成年以后，健康就变成了件上衣，疾病成了套装了。它像是一张成绩表，可以让你回望以前是怎样生活的。所以，健康，不是遗传的问题，而是自我管理的问题。遗憾的是，有些人直到患了大病以后，才会开始注意健康管理，改变自己的生活习惯。

　　对即将成年或者是还正年轻的你来说，这种健身养生的话题，可能会还很新鲜。但是在我们国家，40岁左右的男性死亡率是世界第一。在健康的时候不重视健康，过度饮酒或过度疲劳，把自己的身体熬垮，无异于作茧自缚。为了写这篇文章，我询问了一些三四十岁的人，结果大部分人都有着大大小小的健康问题，还有一两个，健康状况已经亮起了红灯。

疾病是快乐的利息

　　有一位研究老年学的专家曾经这样告诫众人：

"疾病是快乐的利息。"

"多病者多寿"，这种说法在现实中往往能够得到验证，这是因为"缺陷造就谦虚"。在身体面前，宿疾教会我们谦虚，使我们能够坚持不懈地管理我们的健康状况，疾病常常能让我们重新审视自己。

人类本来就是不经历"亲自"和"现在"便不会学习。任何人都知道坚持锻炼才是保持健康的关键，但如果身体没有病痛的话，便不会去践行。"我还非常健康"的自满，使人对健康问题漠不关心或懈怠，非要等到患了大病才肯去重视。不过，如果平时就有不舒服的地方，这在某种程度上可以起到提醒作用。

更进一步说，这并不是仅仅适用于健康的原则。可以说，这是贯穿人生的一种因果规律。换句话说，如果说疾病是能够让人关注健康问题的谦逊原则的话，缺陷就是促使人取得更大成功的契机。当然，缺陷也可能会导致自卑感，令心态变得不端正，这种事例我们也常常见到。但是，承认缺陷，并且懂得在自己的人生面前变得谦逊的人，可以在生活上获得更大的成功。

你是不是觉得，和别人相比，只有自己有很多缺陷呢？仔细地看下周围吧，谁都有不可对人言说的缺陷。对那种缺陷的承受程度不同，一个人的人生轨道也会变得不同。珍惜自己的宝贵时间，并且谦虚面对考验的时候，看待世界的眼光就会变得宽广而深邃。

请记住，那些懂得谦逊的人，生活会赠与他"第二人生"做礼物。

OB啤酒的社长，高中毕业的张仁秀代表[1]，曾写过一部自传，讲述自己克服学历缺陷的历程。在一次采访中，他说是他的缺陷成就了自己。

"我的学历只是高中毕业，比别人欠缺更多东西，所以我应当比别人付出更多的努力。因为我有很多不足，为了完善这些不足，我需要很多的'更'，于是我更有紧迫感，更加努力地走到现在。以后，我也会继续那样做。"

不仅仅是张代表，看采访你会发现，很多在自己领域获得成功的人都有这样一个共同点：许多人是为了克服客观条件或才能上的欠缺以及人种歧视等社会的不平等现象，才会付出比其他人更多的努力。他们说，也正是由于那些努力，才使他们走到了现在的位置。

这样来看，不论是健康还是成功，最终开启它们的钥匙，都是接受自己缺陷的谦逊，不是吗？

谦逊令你接受缺陷，并为了挽救那些缺陷，而不断完善自我。谦逊会在你想加速生活节奏的时候拉响警报，提醒你不要浮夸鲁

---

[1] 代表：此处指代表理事，即CEO（执行总裁）。

莽。

与缺陷相比，种种过度反而更加坏事。某个哲学家曾经说过，最近，缺陷成为了一种缺失。

你的疾病是什么？你的缺陷又是什么呢？用谦逊来包容它吧。到那时，你的宿疾和弱点就会成为长寿和成功的秘诀，而不是障碍。

今天，我也在心中写下：

多病者方能长寿，多弱点者方能成功。

如果不经历摇摆，就不能算是大人，

那么，只有经历千万次的摇摆，才能成长为大人。

所以，即便摇摆也无妨。

因为你我的摇摆正是变成大人的必经旅程。

II.

不要像直线一样前行

梦想从来不会逃走，
逃避的，往往是你自己。
因为失败本身并不是问题，
重要的是你通过失败学习到了什么。
每一次失败，都会带来一次伤痛。
每一次伤痛，都会收获一次成长。这成长，会带着我们
更加接近梦想。

不要太过失望，
当下的挫折日后一定会成为华丽的反转，
危机越深，
反转就越是精彩。
不要轻易放弃，
人生的反转剧还在等你去实现。

买还是不买，写给"剁手党"的3个方法

简直是太漂亮的衬衣了。

真的好难过，因为我从来没有见过，

这么漂亮的衬衣。

——司各特·菲茨杰拉德《了不起的盖茨比》

小时候，我非常想拥有一台模型赛车——拼装8字形赛道，在那上面放上小的模型车之后，一按遥控就唰的一下在赛道上旋转的玩具装置。我真是太想要了。

在朋友家第一次见到那种玩具装置时，就觉得真是棒极了！因为太想要了，所以我磨了妈妈几个月，不过妈妈到最后还是没有给我买，因为那个玩具太贵了。

在美留学时，我们生下第一个孩子之后，我在玩具店恰巧看到了那套赛车装置。那时我和妻子的生活也并不宽裕，我对妻子说：

"那套赛车装置对于孩子的智力发展和素质培养方面有很大的帮助呢……"说了一大堆的理由，好不容易说服了妻子，买下了那套赛车装置。

给还没有满周岁的孩子买什么模型赛车啊？其实我不过是为了消除自己小时候没能拥有这套玩具的遗憾而已，可能妻子也看透了我的心思吧，只是故意没有揭穿。

回到家后，我努力装上了赛道，然后试着操控。看着跑得畅快的小赛车，我就像回到了自己的童年，觉得无比满足。当把赛车拆开装回箱子后，心想，以后也要经常拿出来玩一下，等孩子长大了，就留给他玩。然而，很遗憾，那却是我最后一次玩那个玩具，之后我再也没有想起要把那套赛车拿出来，最后，它成了一个搬家时的累赘。后来我也没有把它留给儿子，到最后回国时，就把它扔掉了。

消费，成了我们的宗教

我们想要的东西简直太多了，去百货商场时，那琳琅满目的商品，都好像在哀求我们把它们带回家。很多人都用指尖摩挲着信用卡，犹豫着"买还是不买"，直到今天，依然在"消费的圣战"中挣扎。

奇怪的是，当时觉得没有它不行的东西，过了一段时间后，就变成了一个几乎用不到的东西。每次搬家，扔掉一大包东西后，我都会犯嘀咕："真不知道我当时为什么会那么喜欢这东西？"

有时，我们所贪恋的那些东西，就好像我的玩具赛车一样，曾经是很想要的东西，但是，过了一段时间之后，就变得不再起眼了。小时候，如果没人给我们买我们想要的东西，我们也没办法。固然会感到绝望，但也不是没有好处——父母和长辈们会在判断那个东西是否是必需品之后，再决定要不要买，从而对我们进行管制。然而，当我们成年，能够自己赚钱之后，花钱也变得很自由，只要是我们自己想买的东西，即便是分期付款也要买。这就成了一把双刃剑。身边没了管制我们花钱的人，那么自己就要对自己进行管制。在成为成人之后，我们需要面对的最重要的难题之一就是消费。

现代社会是一个消费社会，会点燃我们消费欲望的美妙产品有很多。由于全球化的影响，世界各国吸引眼球的品牌都会呈现在我们的眼前。生活在"劝诱消费的社会"，就算你不想知道，也没法不知道消费的味道。

不知道什么时候起，消费成为了我们的宗教。崇尚物神，敬佩品牌，朝圣购物中心，吟诵消费的祈文。

位于LAND MARK（香港大型购物中心）的阿玛尼，
使父的皮鞋变得圣洁

使父的普拉达光临，

让父的消费如同置身巴黎的感觉，

在CENTRAL（香港大型购物中心）里也能实现。

今天请赐予我们丈夫的信用卡，

请您宽恕我们在银行见底的余额，

就像我们原谅掠走我们手续费的人一样。

使我们不要沉浸在三越百货商店，

救我们于永安旅行社（香港最大的旅行社）之中。

愿我们的父永远拥有香奈儿、古奇和范思哲及DG。

阿门……

在收银台前，我们都是说谎的人

作为消费行为学的研究学者，我认为现代社会中，我们面临的诸多问题都因消费而起。比如：较之以往，年轻人的经济条件好像变得更好了，但是又似乎变得更吃力了，其中有着各种各样的原因，但是最重要的变化之一就是，最近的年轻人太早地了解了"消费的味道"。

过去的年轻人不懂得消费是什么，并不是因为他们更节俭，更朴素，而是因为全民消费水平本来就低，再加上那个时代没有优质商品和知名品牌，所以他们无法体会消费的乐趣。那种情况下，相比物质，人们首先考虑的是意义。这就是为何过去的人们即便生活在比现在更艰难的时期，却反而似乎生活得更充裕，痛苦也更少的原因。因为大家都不懂得什么是消费。

而现在的年轻人从小就通过电视电影生动地体会到了消费生活。电视中的人物就像理所当然的一样，住豪宅，开豪车，有着漂亮的包包，穿着漂亮的衣鞋，看完后，年轻人自然也想要尽快拥有那些东西。然而，现实生活却是艰难的、残酷的，一切并不是那么容易获得，于是，我们焦虑、饥渴，感觉边缘化，这就成了年轻人痛苦的一个根源。

现在社会中的环境污染、抢劫犯罪、道德滑坡等问题，实际上与消费主义有着很大的关系。所以如果我们的消费态度能有一点点的改变，我们的社会，我们自己，就能发生很多改变。

正在读这篇文章的你，又是为何在消费呢？为什么想要拥有那个东西？是因为品牌？还是因为流行？抑或是因为在乎某些人？虽然你可能会说，那是因为我需要啊，但实际上，你只是不喜欢落后，或者只是因为喜欢感受购买新东西的乐趣，又或者只是为了希望让别人用不同的眼光看自己。在收银台前，我们都是说谎的人。

3个办法，避免购物时成为"剁手党"

我们要怎么做，才能在消费的丛林里生存下来呢？当然，我并不是主张大家都成为彻底的禁欲主义者，我也喜欢好的东西，那会让人心情变好，生活也会变得很便利。

虽然人们经常说"幸福和消费没有关系"，但是事实并非如此。研究表明，提高收入和消费水平，会增加幸福感。放眼全国，也确实如此。但需要注意的是，这仅限于在一定标准之内。研究表明，当月薪在400万韩元（据当下汇率，折合人民币约2.2万）以下时，收入越高，幸福感越高，然而当超过这个数字时，便不再有那么紧密的关系了，而且，发达国家的公民并不比穷困国家的公民的幸福指数高。这就是伊斯特林悖论（Easterlin's paradox）。

伊斯特林悖论所意味的事实是，我们所有人从某个水准开始，就不会再变得更幸福，但我们还会想要更好的东西，于是自己折磨自己。从某个瞬间开始，消费不再是使我们的生活变得更加便利和幸福的工具，而成为了一种目的。

许多人在和别人的竞争中不甘落后，从而买了很多流行的新品。甚至为了摆脱忧郁的心情，游荡各大购物中心。勉强地购买来的那些名牌，结果只是充当了不使别人无视自己的盔甲，只是充当了炫耀自己品位阶层的勋章，只是充当了植下"自己很了不起"的幻想的面具而已。

当然，也有人只是因为享受购物行为本身，所以冲动消费，或者只是因为觉得有趣，便敞开了自己的钱包。这属于中毒型消费，这种消费不仅不会让我们感到幸福，反而会让我们觉得疲惫。

这种消费行为，就像饮海水一样，只会越喝越渴，最后陷入到消费主义的泥潭之中，并沦为越购物越不幸福的悖论消费。

如果问我成年人最需要接受什么教育，我会回答是"消费"，而不是理财。因为在这个时代，想要正确地生活，就必须正确地消费。

成年之后，最好的一点就是不用再仰赖别人的钱财，也无需再看别人的眼色就可以买自己想买的东西。消费是能够区分我们是否真正成为一个成年人的最确定的标志，另一个层面，在努力成为幸福的成年人的过程中，消费也是我们需要跨越的最切实的障碍。正如前面所说，因为干涉的人少了，所以要管制我们的消费欲望也变得困难了。

常言道，"无欲则刚"。无欲无求的人之所以可怕，正是因为他们可以堂堂正正地面对一切，可以不怀私心地感受最本质的快乐。

在成年人中，最普遍最强烈的欲望就是消费欲望。所以，只要减少一点点消费的欲望，就可以活得更庄严，在人生面前，可以不卑微不怯懦，堂堂正正生活。将买东西的钱节省一点，就会有时间和节余来给自己投资，只有这样，才能真正地去省察和探寻"究竟什么能使自己真正感到幸福"。

"这个我要了。"在潇洒地说出这句话之前，请先问自己三个问题。

这个东西自己真的很需要吗？

这个东西的价钱合理吗？

一个月后，我还会像现在一样对这件东西如此渴求吗？

如果这三个问题中有一个你不能自信地回答"是"，那么就果断回头吧。

在消费的中庸之道里，有着成长和幸福的答案，你会怎么买？又会怎么生活？①

----

① 在韩语中，"사다"是"购买"的意思，"살다"是"生活"的意思，二者的将来时态形式都是"살 것이다"，作者在此处一语双关，先问读者将如何"살（购买，即消费）것인가"，又问读者将如何"살（生活）것인가"。

人生不是喜剧，不是悲剧，是反转剧

铅笔有时也要停下书写的脚步，削尖自己的身体，

尽管当时会感到疼痛，但过后却能用更尖利的铅芯书写文字。

你也应该学着去忍受那种苦痛和悲伤，

只有那样，你才能够长成更优秀的人。

——保罗·柯尔贺《像奔腾的江水》

最坏的房东就是最好的房东

　　我任职的大学有一栋专为教授们提供的公寓。没房的新入职教授只需用低廉的费用便可租住两年。新入职的教授大都是刚从海外留学归来的学者，或是从地方大学调到首尔来的，所以很少有人有安定的居所。如今公寓已经扩建，租房也比以前容易了许多，但是我刚入职那会儿，一年也没有几个名额，竞争相当激烈，申请名单上总是列着一长串名字。

　　不管是从前还是现在，想在首尔租全税房①，费用都不是一般

---

①　全税房：韩国租房可以分为月租房和全税房，月租房即按月缴纳房租，全税房是房客一次性交付较大一笔租金给房东（通常是房子总价的50%，如今有的已高达70%），在入住期间不用再交除了水电费和管理费之外的任何费用，等退房时，可以从房东手里拿到当初交的全额租金。

的高，所以如果能够租到教授公寓，是件非常幸运的事。既不用为了筹齐大笔租金而东拼西凑，也无需为了找合适的房子而四处奔波。要是把原本用来租全税房的租金存到银行，光利息就是很大一笔呢。不仅如此，住在教授公寓，还不会被房东唠叨要把房间收拾干净点，也无需担心突然接到房租上涨、勒令退房或房子要被拍卖转让等让人措手不及的通知。总之，为教授们提供公寓租住的校方可以说是所有房客梦寐以求的好房东。

所以，我也一评上教授就提交了申请，遗憾的是没有申请到，当时特别沮丧，非常羡慕那些抽到签的同事。最后我只能四处借钱，租了一处全税房。当时的房东倒不是什么坏人，但是因为赶上金融危机，我被各种难处缠身，甚至借助律师朋友的帮助，干起了给人开证明的营生。意识到全税租金的压力不是一般的大，所以我萌生了无论如何也要买房的想法。贷款、四处问亲友借钱，再加上退回的全税租金，想尽了一切可能的办法，两年后总算买到了属于自己的房子。

那时候，我碰到了当初租住学校公寓的同事，如今公寓马上就要到期，又正值首尔房价暴涨，中介迟迟没有答复，让他不知如何是好。同事刚入住公寓时非常高兴，但是到期后要搬出来时，简直无房可住。当时抽到签后在我面前洋洋得意的他，如今却反过来羡慕我了，后悔不迭地说还不如那时没被抽中，那时想想对策的话，现在也不会损失那么多钱了。

那一刻，我突然明白了"最坏的房东就是最好的房东"这句话是什么意思。正因为房东用恶劣态度对待房客，房客才能够下定"走着瞧吧，就算累死也一定要自己买房"的决心，最后能够尽早地买下自己的房子，也算是幸事一桩。要是那时我没有在抽签中落选，说不定现在的我也正在为租全税房而辗转奔波。当时的不走运现在却变成了大幸运。现在想想，当时真的没有必要感到失望。

所以，不要太过失望，当下的挫折日后一定会成为华丽的反转，危机越深，反转就越是精彩。不要轻易放弃，因为你人生的反转剧还没有谢幕。

那些把我挤出公司的人

朋友失业了。他原本在一家待遇很有保障，工作也很稳定的国企上班，只等到了55岁退休养老。然而因为卷入了公司内部纷争，他在还有5年就退休的时候辞了职。他在最困难的时候，向我询问过种种意见，最后离职已成定局，我们一起喝了个酩酊大醉。我知道，他心中积压了太多的担忧和愤懑。明明正当壮年，却不得不放弃原本好端端的工作，这让他怎能不愤懑。家中还有未谙世事的儿女，经济问题也让他不得不担忧。提起那几位迫使他递交辞呈的公司领导，他更是满腹怨气。

在那之后，我也一直很为他担忧。后来大约过了不到一年的时间，有一天他打来电话，拉我出去喝酒。只见久违的他容光焕发，一年前一蹶不振的神色一扫而空。他略带自豪地告诉我，离职后自己经营了一家小店铺，而且还做起了销售保险的副业，虽然挣不了什么大钱，好在收入稳定，总算安定了下来。最重要的是，他很幸运地进入了一个不会退休，年纪大了也照样能做的行业。真为他欣慰。临别时，他告诉我，如果他在那家公司熬到了年龄，等退休后再尝试新工作的话，一定会比如今走得更艰难。

面对那些专骗退休金的骗子，最容易上当受骗的就是那些刚退休的公务员、军人和国企职员了。他们在铜墙铁壁一般的组织里呆了那么多年，一直处在"甲"的位置，不了解世道艰辛，走出公司以后，常常被骗贼的花言巧语所蒙骗。朋友说，幸亏提前被挤出公司，使他能够在更年轻时就了解这个世道，从而能够更轻易地找到新的出路。

"当时我是多么痛恨那些把我挤出公司的人啊，现在我却真心地感谢他们，是他们让我尽早地成长了！呵呵。"

他这番话并非自我安慰，而是发自肺腑。那一刻，我突然醒悟：恰恰是他的不走运，将他带到了一个从未涉足过的崭新世界。遭到算计，被挤出公司，他遭遇的背叛和他内心的不安，我比谁都了解。然而在不到一年的时间里，他能有如此巨大的转变，着实令我惊讶。

所以，不要太过失望，当下的挫折日后一定会成为华丽的反转，危机越深，反转就越是精彩。

这又将是另一盘棋

我并不太会下围棋，但是因为父亲对围棋着迷，所以从小我就经常看围棋比赛的转播。当时还没有有线频道，不过无线电视台会转播各个知名围棋赛事的决赛。因为那时的限定时间非常充足，所以重要时刻，棋手们都会经过几十分钟的漫长思考。那时候最痛苦的要数主持人了，在画面没有任何变化的近30分钟的时间里，他们必须一直讲话，主要是穿插讲一些棋手身边的故事或者围棋界背后的故事。

随着"啪嗒"一声，当棋手使出得意的一招的时候，主持人也变得兴奋起来，"啊，终于出招了！这下好像要展开一场激烈的角逐了"。接下来，解说员就会不停更换着眼前棋盘上白子和黑子的位置，推测棋局接下来的形势进展。然后抛出一句揣测："啊，那么还是黑子占据了微弱的优势吧？"

这时主持人一定会问一句："如果继续刚才那一盘棋局，选手能够沉得住气的话，会是怎样的局面呢？"接到问题的解说员再次提起劲头，打乱原先摆好的棋子，摆出一盘新的棋局，然后回答一句：

"那么，这又将是另一盘棋了。"

"这又将是另一盘棋了。"我实在是太喜欢这句话了，常把它变成"这又将是另一局人生了"来理解。人生，并非只有一个固定答案。参加同学会的时候，你会发现，每个人走的都是学生时代完全未曾预料到的人生之路。每当这时，我总是感慨不已。原来每个人的人生，都会有适合自己的答案呀。只不过在答案对上之前，我们自己也不知道答案究竟是什么。

与围棋相比，人生的精彩之处在于，当决定性的败招导致失败以后，自己的人生轨迹一点也不会比当时的成功者的人生轨迹差。相反，很多时候反而比那时还好。具有统摄论泰斗之称的生物学家崔在天教授，在报考医科大学失败之后，他才接触了动物学。世界级的设计师保罗·史密斯，是因为负伤不得不放弃单车赛手的梦想之后，才走上了学习设计的道路。对于他们来说，当初的失败会是多么大的挫折啊，但是后来，他们的人生反而绽放出了更耀眼的光辉。这难道不是"另一种人生"展现出的魅力吗？

今日的挫折会成为华丽的反转

人们总是会说："这次失败让我的梦想随之破灭。"但是，梦想从来不会逃走，逃避的，往往是你自己。因为失败本身并不是问题，重要的是你通过失败学习到了什么。每一次失败，都会带来一次伤痛。每一次伤痛，都会收获一次成长。这成长，会带着我们更加接近梦想。

首次成功征服喜马拉雅山脉海拔8000米以上的14座山峰，并且首次实现世界最高峰珠穆朗玛峰无氧登顶，有"世界的铁人"之称的传奇登山家莱因霍尔德·梅斯纳尔这样说道：

"只要心还能坚持，双腿就能迈动。"

只要有坚持的意志，我们就能走到任何地方。所以，不要害怕摔倒，要怕，就怕自己丧失了再次爬起来的勇气吧。

这一次，你又失败了吗？又一次因为绝望而感到痛苦吗？那么就回味一下这句话吧。

不要太过失望，当下的挫折日后一定会成为华丽的反转，危机越深，反转就越是精彩。不要轻易放弃，人生的反转剧还在等你去实现。

突如其来的成功比失败更危险

> 快意时须早回首；
>
> 拂心处莫便放手。
>
> ——《菜根谭》

　　最近的选秀节目繁多，种类也各式各样，其中歌手选秀节目尤其多。真的没想到全国各地有那么多人想成为歌手，更没想到有那么多人唱歌都那么好听。终于到了盼望已久的决赛阶段，从上百万名参赛者中千挑万选的两个人，站在舞台上一决胜负。以前的比赛往往会选出一二三等奖，并分别给予他们不同的奖金或奖励，然而现在的趋势是，所有奖励都集于第一名身上，胜出者将得到非常丰厚的奖励和无上的祝福。神奇的是，最终拔得头筹的胜出者，大都是从艰苦的环境中成长起来的朋友。他们克服了重重艰辛，终于实现了自己的目标，可以以歌手的身份出道，这就更值得祝贺了。

　　不过我的想法有所不同。较之祝福，我反而更为他们担忧。但并不是出于"要努力成为真正的优秀歌手，现在才刚刚开始"这样显而易见的道理。看着站在暴雨般散落的花瓣和彩带中流下热泪的他们，我不免心生担忧："这位选手真的可以承受住成功的重量吗？"

其实，相比成功而言，我们经历失败的时候显然更多。所以，我们习惯了失败，也听多了不要因为小小的失败而受挫止步的箴言。失败，意味着我们的目标还不够坚定，还需要朝着前方继续努力。然而人的一生中，能够取得成功的时候并没有那么多，因此我们几乎没有备战成功的锻炼机会，所以，承受成功也并非易事。看到这儿你可能不禁要问：成功也需要应对？成功也需要承受？没错，突如其来的成功，比预料之外的失败更危险。这不仅仅是选秀节目的优胜者们需要面对的问题，所有未及应对的成功，都是如此。

前不久，听到了惠特妮·休斯顿因为药物中毒去世的消息。没想到曾经钟爱的歌星竟这样走完了一生，不禁为之扼腕。其实，不仅仅是惠特妮·休斯顿，那些早早成名的明星走向堕落的报道早已屡见不鲜。这些令人惋惜的消息，反映出的正是应对不及的成功所带来的负面影响。聚光灯越是耀眼，投射出的影子就越深越长，然而我们需要直视的，是与自己相仿的影子，而不是灯光。如果只看着华丽的灯光，我们就会变成瞎子，无法看清这个世界，并最终无法看到我们自己。

作家奥斯卡·王尔德曾说："生活中有两个悲剧：一个是不能得到你想要的，另一个是得到了它。"这话很耐人寻味。我们都知道，无法实现梦想是一种不幸，但是他竟然说实现了梦想也是一种不幸，真不愧是一位以毒舌著称的作家。

这是一个所有人都把"实现梦想"当做咒语一样念诵的时代。实现梦想不仅是我们的渴望，也是获取幸福的条件，但是真的实现梦想的那一刻，梦想成为了现实，便不再是梦想。没有了梦想的人生，将会多么无力啊？没有梦想，是对人类最大的惩罚，因为人生原本就如同努力朝着梦想生长的向日葵一样。

我们的目标有很多。以优异的成绩毕业，找到被他人认可的工作，和不错的对象结婚，养育出学习出色的子女，争取更多的薪金和更高的社会地位……但是，万一这些目标突然间全都实现，或者像中彩票一样，一下子取得了很大的成就，这时候，如果不能够重新确立人生的意义，而是沉醉于成功的甜蜜之中，无穷无尽的空虚将会取代梦想，不停地涌向你。

这时候，大部分人往往会树立更远大的目标来填补内心的空虚。但这样的话，人生就变成了喝海水一般越喝越渴的恶性循环。到了最后，已经不是人在追求自己的目标，而是目标推着人往前走。到了这种地步，个人将会沦为成功的牺牲品。英语里有句话叫做"victim of his/her own success（成功的牺牲者）"，说的就是这种适得其反的状况。很多明星的案例告诉我们，在极端的情况下，人们会对药物、酒精、性、赌博等产生依赖。虽然在没有取得过巨大成功的我们看来，这种行为令人难以理解，但是它告诉我们，相比失败，成功后，反而更需要细致的自身管理。

我们是如此渴求成功，但是为什么却不为成功以后的事情做好准备呢？阅读此书的读者中，如果大多数人能够知足，认为"做到这种程度就已经是很大的成功了"，那固然最好，但是，我更希望你能再思考一下，想一想什么才是真正令你觉得珍贵的，让你取得现在成绩的初衷是什么。只有这样，取得成功之后，你才能够坚守原本的自我。因为人生并不是成功或者失败的角逐，而是无论在什么样的情况下，都能够坚守自我，并持续努力的无止境的长路。

在大企业工作，是否更有安全感

> 原来你是一个非常自虐的人啊，
> 实际上你是在太过热情和剧烈地
> 适应社会生活
> 但是所谓痛苦，并不是什么重要的东西
> 重要的是，实现自己的意念
> ——西蒙娜·薇依

"唉，大不了辞职……辞职算了！"

两个上班族在路边摊上宣泄着闷气。电视前的"白秀"[1]看着电视机里出现的这个画面，对那个敢于写下辞职信的上班族羡慕不已。而躺在床上的新入伍的二等兵看着电视里游手好闲的"白秀"，同样是无比艳羡。最后的反转——坐在路边摊喝酒的上班族反而羡慕着只等退伍的二等兵。其实这是一则曾一度成为热门话题的口服液广告。

---

[1] 白秀，是该广告中主人公的名字。

每个人心里都揣了一封辞职信

不仅广告里是如此，现实生活中也有很多的人都在苦恼、纠结是否要下定决心放弃当前的工作，开始另一种生活。生活在这个职场如战场的社会，谁的心里没有揣着一封辞职信呢，但是又有几个人能真正甩手不干？

刚找到工作的时候，打心眼儿里觉得松了一口气。尽管不是学生时代憧憬的"梦寐以求的职场"，但至少找到了一个给自己提供薪水的地方，想想就觉得满足！上班的第一天，我一大早就起来挑选要穿的衣服，内心既喜悦又忐忑，那情景令我至今记忆犹新。可令人担忧的是，不少新进职员抱怨说，职场生活和自己期待的截然不同，时间越长反而越难适应。虽然也会努力说服自己：现在就业那么难，能有个班上就不错了，但心里还是会冒出别的想法。当初急于找工作没来得及细想的那些烦恼，如今一个个冒出来困扰自己。下班路上，拖着疲惫的身躯一个人到路边摊喝一杯的时候，反而更羡慕那些服役的二等兵。

这个时代的青年人感到痛苦的理由之一，就是不能去理想的公司工作。这是这个时代的问题，也是这个社会的问题。很多求职的毕业生都希望能够进大企业工作，但大企业却没那么多的职位。而另一方面，那些在激烈的求职竞争中胜出的新进职员，中途辞职的人也不在少数。有人就新入职的大学毕业生3年之内辞职的比例，对韩国10家具有代表性的大企业进行了调查，发现10家企业中，有近一半的公司的大学生新进职员的辞职率在10％左右，有的甚至超过了20％。

在大企业工作，是否更有安全感

有一次，我去一个公司做演讲，演讲结束后和该公司的CEO一起喝了杯咖啡。得知我正在给年轻的上班族写专栏，那位CEO这样说道：

"现在的年轻职员，好像进了公司以后，才开始经历那些学生时代就该经历的烦恼。"

听了这句话之后，我心里忍不住笑了起来。现在的年轻人之所以艰难，正是因为他们在中学时代就应该经历的青春期的烦恼，因为要准备考大学，便一直被压抑着，直到进了大学才得以宣泄。然而大学时期应该经历的苦闷，则为了准备就业而一直被压制着，直到工作以后才开始爆发。这个国家，究竟到什么时候，才能让孩子们在每个年龄段经历那个年龄段应该经历的苦闷？

总之，大韩民国的职场生活不管对谁来说都不轻松。所以对于无数年轻的上班族来说，踏入职场的同时，也意味着马上要开始承受本应在大学时代就结束的苦闷。尤其是那些当初抱着"一定要尽早工作"的想法而来的新职员，他们面临的苦闷会更加严重。尽管无数自我管理类的书籍和公司的上司们总是会劝你："既然选择了就应该先坚持3年，至少也应当坚持1年再说。"但若站在放弃工作的立场上，还是会觉得只有辞职才能尽快找到新的工作。甚至很多人坚信，只有在适当的时候跳槽，才能够提高自己的待遇。这就是所谓的职场技巧。

当老板们在感慨"最近的年轻职员耐心不足，适应能力太差"，辞职者们却在抱怨"现在的公司给的业务量太多，压力太大"。客观一点说，我觉得韩国的公司文化存在着一些问题。明明应该三个人完成的工作，却让两个人去做，导致一个人因找不到工作而不如意，另外两个人则因工作量太大而不如意，这种问题亟待改善。

另一方面，时代也已经变了。仅仅是几十年前，年轻人找对象都还是靠媒人介绍，两人结婚前甚至都不知道对方长什么样，婚后就算对对方不甚满意，也会凑合着过日子，连离婚的念头都不能有。不仅婚姻生活如此，职场生活也是一样。那个年代，人们的"终生职业"观念很强，把公司看成和家庭一样的存在，觉得辞职就等于背叛了自己的公司。所以那时候，就算工作再辛苦，也会安慰自己"这就是我的命"，并且坚持下去。但现在世道不同了，将就了一辈子的老夫老妻也敢于"黄昏离婚"，年轻的上班族更是稍不满意就辞职走人。

甚至当机会来的时候，还会有人坚持要"找一个名字更响亮的公司"。其实在韩国残酷的就业环境下，比起坚持要去自己的目标——"某公司"上班的人来说，退而求其次，选择去不甚理想的公司上班的人要更多。就像很多高中生和复读生报考大学的时候，不是选择自己梦想或适合的学校，而是根据补习班列出的排名表去填报志愿。很多大学生和求职者都不能抛开这种"排名表思维"，按营业额给公司排序，然后因为自己没能去排名更往前一点的公司而再次绝望。这真是一种毫无意义的挫败感，也只能是一种毫无意义的挫败感而已。因为人生中最重要的职场，不是你的第一个职场，而是你的最后一个职场。

什么时候留下，什么时候离开

那么，我们应该怎么做呢？什么时候应该留下，什么时候应该离开呢？这个当然要视情况而定了。每个公司的环境不同，每个人的追求也各不相同，不可能千篇一律地说"这就是正确答案"。但是一般来讲，如果放弃的理由是"现在上班的这个公司太差"的话，那么就不妨再坚持一下，如果辞职是因为"对想要重新开展的工作满腔热情"，就应该鼓起勇气往前迈一步。自己对什么样的工作怀有多大的热情，这个只有自己最清楚了。

那么，怎样才能搞清楚自己有多少热情呢？叔本华是这样说的：

迄今为止你真正爱过什么？是什么把你的灵魂带向了更高的层次？是什么东西占据过你的内心并让你感到快乐？迄今为止什么工作曾让你沉浸其中？在你回答这些问题的时候，你的本质便会明朗起来。那就是真正的你。

"自己真正爱过的，并且把自己的灵魂带向了更高层次"的工作，不会在某天自己突然找上门来，而需要聚沙成塔般，一点点积累。所以，只因为"做不来"，就提交辞呈，是对自己非常不负责任的做法。人们普遍都会过高评价自己的能力，并且乐观地认定自己"在从未接触过的职场上能够做得更好"，其实有种盲目期待的成分在里面。年轻人习惯了学生时代的自由自在，当初次遭遇的紧张压抑工作环境和对新职场的憧憬发生碰撞时，离职美好的幻想便会被夸大。

其实，从一开始准备找工作时，就应当考虑"自己真正爱过的，并且把自己的灵魂带向了更高层次"的工作是什么。然而，因为现在就业形势比较严峻，"盲投"现象非常多，好像只要被录取，不管什么公司都愿意去，自然，"盲辞"现象也增多了。我十分理解他们求职时的迫切心情，但是如果放到整个人生中考虑的话，这种做法真的会对他们造成很大的损害。

有句话叫"慢慢抓紧"，我们应当客观地丈量自己梦想的尺寸。当确信自己不再是逃避，而将产生飞跃时，努力去创造出"决定性的瞬间"。为了那个时刻，我们应当慢慢地抓紧时间去应对。

在那个时刻到来之前，请把这句话当做指引你的灯塔：

"如果不打算热爱，那就离开；如果不打算离开，那就热爱。"

每一个心里揣着一张辞呈的职场人，都是站在面临抉择的岔路口的哈姆雷特。那段关于苦恼的著名台词，道出的也是你的烦闷。

留下，还是离开，这是个问题。是应该默默地忍受巨大压力之无情击打，还是应与深如大海的失业者的苦难奋然为敌，并将其克服。此二抉择，究竟是哪个较明智？

投资金钱，不如投资生活

每天清晨醒来后，你要面对的一天，

不是必须赚钱的24个小时，

而是必须生活的24个小时。

它是令你抵挡住种种诱惑，

鲜活地生活在当下的理由。

你需要投资的，不是金钱，而是你的生活。

———行禅师

我们之所以求职和工作，是为了赚钱，这是个显而易见的事实。不是为了金钱而做的工作，不能叫做职业，只能称之为"志愿服务"。没有酬劳的全职主妇所做的家务劳动，也不作为实物货币在市面上流通，但是产生法律纠纷的时候，其价值可以换算成金钱。

很多人常常认为能够给更多报酬的职业就是好工作。但是这里有个矛盾之处：人生路上的前辈们总是劝诫我们不要为了金钱而工作，越是赚大钱的人，越是说自己"不是为了挣钱才努力工作的，而是因为**努力工作所以赚到了钱**"。这些白手起家的人在接受采访时，都会表达相同的意思。他们为何那么说？是谦虚，还是虚情假意？最蔑视为了赚钱而做生意的商人史蒂夫·乔布斯，在斯坦福大学的毕业贺词中这样说道：

"去寻找你们真正热爱的工作吧。"

寻找自己热爱的工作，而非能赚大钱的工作，这话说得很漂亮。但是怎样才能做到呢？首先，让我们坦诚地扪心自问："我热爱我现在的工作吗？"

我想起日本东京大学的姜尚忠教授所著的《烦恼的力量》，这本书介绍过一个判断自己是否热爱当前的工作的简单方法。

你只要问自己："如果我买彩票中了两千万，我还会继续做现在的工作吗？"就可以了。如果你回答："喂！我都已经有那么多钱了，干吗还要干这种工作？"就说明你现在是为了赚钱而工作；如果你的回答是："不，我会继续工作，就算不会再像现在这样费心，我也会把它当成一种乐趣来做……"则说明你很热爱目前的工作。

其实，就算中了彩票也会继续目前工作的人，真的是非常了不起的幸运儿，事实上这种人所占的比例极小。大部分人的回答都是：中了彩票，就会在家歇着，或者一边玩一边找其他工作做。但是据说很多人中了彩票之后，生活得反而不幸福了，我想大概放弃工作也是导致这种结果的原因之一吧。工作，分明有着赚钱以外的意义。

问题是，我们能够中彩票的几率实在是太低了，而要找到自己真正热爱的工作，并在摸索中尝试着改变，也同样不是一件容易的事情。之所以不容易，并不是因为我们不懂得要选择自己热爱的工作，而是因为更现实的问题——想找到这样的工作并不容易，就算找到了，想要实行起来也并不简单。例如：即便有"想做一名医生，只要能当上医生，我就会热爱我的工作"的想法，但如果不是毕业于医科大学，或没有通过医师执业资格考试的话，就完全不可能成为一名医生。毕竟这并不是只要下定决心就能实现的事情。

日本年龄最大的艺妓，100岁高龄的古今曾经这样说：

"哪有什么所谓的天职，做什么还不都是为了生存。人生真是奇怪啊，嘴上说着讨厌这份工作，可还是会去做。比如说我，就这样一直做到了100岁。"

如果你没有办法热爱现在的工作，感受不到其中的乐趣，你会怎样做呢？

世界上最有趣的工作

如此说来，如果不考虑是不是严格意义上的工作，那么世界上最有趣的工作是什么呢？

世上最有趣的工作！你难道不好奇吗？

我认为，世界上最有趣的工作，是成长。

我仿佛看到了读到这段文字时你那失望的表情。我猜你可能会不解地嘟囔："成长？有趣？不愧是天生的'老师'，给出的答案可真是标准啊！"

其实这个平凡的答案里，另有乾坤。

当人们感觉到自己在慢慢成长的时候，都会觉得喜悦。就拿最容易让人上瘾的游戏来说吧，听在游戏公司工作的人讲，他们在设计游戏的时候，最注重的一点是：不管是等级、阶级还是产品，一定要给予玩家"成长"的设定。他们说，只有那样，玩家们才能在游戏中陷得更深。

高尔夫、台球、马拉松等运动，只要迷上一次之后，就会令人难以割舍，这些运动的共同特点就是：成长的要素非常强。这些运动与其他运动的不同之处在于，它们会设定不同的等级。"今天终于取得了个人赛最好成绩""打进了200个球""终于突破了四个小时的壁垒"，这类运动会用一个客观的指标把你实力的提升展示给你，所以尝到一次甜头后，就很难再丢弃了。因为学习和成长的方式，会比靠比赛论输赢更有吸引力。

在童话故事和动画片中，也一定要加入成长的要素。《口袋妖怪》之所以受到孩子们的疯狂喜爱，也是因为它体现了"进化"的概念，准确地洞穿了孩子们喜欢在成长和变化中感受乐趣的本能。

现在，你同意我的观点了吧？最让人感到开心的，是成长。

如果在娱乐和兴趣中，成长是收获开心的最大源泉，那么在工作中，也是一样的道理，准确地说，还要更具本质性。如果我们在工作的过程中感受到了成长，我们就会觉得这项工作是有趣的、值得爱的。

例如，在便利店打工，从早到晚重复地刷着条形码，一天下来站得两腿浮肿，这种工作既无趣，薪水也少得可怜，所以想必没有人把便利店的工作当终身职业来做，大多数人在便利店工作，只是为了打发时间，挣点零用钱。但是如果换一种方式去做，在便利店工作也能够收获比报酬本身更珍贵的东西。观察消费者在商店里的举动，领悟商店布局的相关技巧，在接货的时候学习存货和管理的方法，如果每天都能够感受到"学习和成长"的快乐，那么就可以说，你已经渐渐爱上这项工作了。而且，等将来你有了自己的事业，这种成长过程会变成坚固的基石，引领你走向成功。

被称为"世界上最了不起的投资家"的沃伦·巴菲特，在8岁时就收集小区附近垃圾桶里的瓶盖，并以此分析饮料的需求。所以，最重要的是要拥有集中精力做自己关心的事情、在琐碎的工作中不断学习并积累经验的热情。

人们之所以觉得自己的工作稀松平常，是因为自己总是拿别人的职业跟自己的职业作比较。在经营管理方法领域，有一个术语叫做"标杆管理（benchmarking）"，所谓标杆，原本指的是测量河水深度用的工具，标杆管理指的是，以同行业的某一出色公司为标杆，与之比较，找出自己身上的不足，并不断学习和自我完善。其实不仅企业经营中需要标杆管理，我们在人生规划的时候，也需要标杆管理。但是我认为，对于开始工作的你来说，相比标杆管理，或许更重要的是未来标杆。一位叫汤姆·彼得斯的学者主张人们"活在2010年，但却应当考虑着2020年"，并将其称为未来标杆，主张人们应展望未来社会，并为之做好准备。

在这里，我想把 futrue marking 的含义略做一下改动来加以使用，那就是不要拿别人的工作和自己现在的工作相比，而应该勾勒出一幅"未来的自画像"，并朝着目标中的自己按部就班地学习和成长。不要以他人为标杆，而应当把希望成为的自己作为你的未来标杆。

为什么总是羡慕别人的工作呢？把奥斯卡·王尔德的一句话送给你："你应当成为你自己，别人的座位都是冰凉的。"

we are what we work on

当然，在这个俗世中，金钱会成为体现自己工作价值的证据。

日本漫画家西原理惠子曾这样说过："那些认为'只要自己感到满足，就算没钱也没关系'的人，注定无法在现实生活中实现自己的才能。那样的想法就像浮云，最终也只会是虚幻的梦。但如果能够用心去思考'怎样利用我的才能可以赚到钱'，那么想做的事情就都可以成为现实。"

当我们担负起养活自己和家人的责任时，就会激发出对工作的迫切感，并下决心要做得更好。

但是如果总想着"能够挣到很多钱"的话，我们就会成为被工作奴役的囚犯。其实真正重要的，不是收入的多少，而是对工作的热爱以及成长的乐趣。

当我们一步步朝着自己的"未来"迈进时，自然而然就会赚到钱。所以无数的成功故事中的主人公，都说自己并不是以挣钱为目标，而是以自己的进步为目标，同时还挣到了钱，不是吗？

工作体现的是一个人的整体性和本质，用英语表达就是"we are what we work on"，即如果仅用金钱来衡量自身存在的价值，这样的行为难道不是一种侮辱吗？

去寻找自己真正热爱的工作吧，就像史蒂夫·乔布斯说的那样。如果很难找到，或者现在从事的那份工作太过困难，那么就继续努力成长吧，直到自己有能力胜任自己所热爱的工作。为了实现这个目标，无论目前的工作多么没有价值，也应该从当前的工作做起，不断发现自己需要掌握的东西，并不断地加以学习。它会成为当你中了彩票时，也能够继续热爱当前工作的原动力。

好运气的秘密，竟然是整理鞋子

上帝存在于细节中。

研究命理、风水、八字等传统的"江湖哲学"的赵勇宪老师，某天遇到了研究《孟子》的大家何锦曲老师，并和他聊起了什么是运气，以及想要行大运应该怎么做。

锦曲老师说，要行大运的话，有四个必要条件。他说，每个人的一生中都会遇到两三次极好的运气，只是根据每个人准备程度的不同，最后运气的大小也有所不同。

1）一定要少说话。

2）一定要少用修饰语。

3）一定要拥有好气色。

4）一定要把鞋子放整齐。

其中的第一条和第二条都很好理解。"沉默是金""耳朵有两只，嘴巴只有一张""不能闭上耳朵，但可以闭上嘴巴"……教导我们想要成功就不能多说，这种箴言，我们听了太多太多。如果话语里的修饰词过多，就容易引起不必要的误会或引发口舌之争。第三条要求是保持好的气色，这一点也可以接受。气色好证明身体健康，心胸开阔，这自然也是碰到好运气的必要条件。

但是第四条就有点让人无法接受了。当碰到大运，也就是"很大很大的"好运时，这时却要人先把鞋子放整齐，这也未免有点太小儿科了吧！诸如坚持自己的梦想、多多助人行善、跟随优秀的老师学习之类的重要建议放着不提，竟然叫人把鞋子放整齐？！

大儿子考上大学之后，我便不再过多地干涉他的生活，一来他自己已经是成年人了，二来他也已经过了我说什么他都会听的年纪。我对大儿子只提了一点要求。尽管想叮嘱的话不止一两句，诸如要好好学习、坚持每天读报、早晨要早起、早点回家、别喝太多酒、不可以抽烟、坚持体育锻炼、坚持练习乐器……不过我决定只要求他做到一点——整理好房间。

我之所以把整理房间看得那么重，将其置于其他的诸多要求之前，和锦曲老师要求摆齐鞋子的理由一样，那就是：我们都认为"从小事一点点做起的心态"是取得所有成功的先决条件。用老师的话来说，这就是修身的力量。"从一个人脱放鞋子的习惯，就可以看出这个人的心性以及修身的状态。如果把鞋子随便乱放的话，说明这个人还没有做到一些最基本的要求，基本没有做到的话，就无法掌握降临的大运。"没错！仔细回想一下，我从一个考试废人变成一个模范研究生，也正是我的房间变整洁以后的事。

有一天我在报纸上看到了一则非常有趣的报道，在被各大国际知名品牌占领的韩国比萨市场中，本土品牌"Mr. Pizza"在店铺规模上居于首位，而报道讲的就是Mr. Pizza的老总郑宇宪的经营哲学。

"我们公司的社训就是'把鞋子整理好'，这不是矫饰，而是谦逊、真心和精诚，是超一流的实践。"

Mr.Pizza在韩国的分店已经超过了400家，甚至打入了中国、美国、越南等地的市场，而它长驱直入的秘诀，竟然不是品质第一、顾客至上之类的响亮口号，而是"把鞋子整理好"的社训，这听上去似乎有些不真实。据说这句社训是Mr.Pizza在2008年位列业内榜首之后，通过公司内部征集选定的。赵勇宪老师是不是受其影响，这点我们不得而知，但我们可以肯定的是，取得巨大成功的秘诀，就在细微的小事当中。

中国学者汪中求的著作《细节决定成败》曾成为一时的热门话题，他主张，竞争力的关键最终取决于微小的细节。对于喜欢大排场，却忽略了小细节的中国人来说，这本书令他们反思和觉醒。其实，它也可以应用于人生中，"100-1=0"，把100减掉1，剩余的不是99，而是0。导致事业功亏一篑的，从来都不是什么大失误，而是非常小的瑕疵。同理，巨大的成功也从来都不是取决于耗尽毕生力气的"制胜一击"，而是所有微小细节的总和。

所以，我叮嘱儿子，有空时不要忘了收拾一下房间，不过更多的时候，他的房间还是一团糟。尽管很不满意，但我也能够理解他，想保持自己房间的整洁，其实也不是一件容易的事。要问它究竟有多难，既然都被列为"成功的头号秘诀"了，你说它难不难呢？

年轻的阿尔·帕西诺在展露了他精彩演技的电影《挑战星期天》中，有这样一段台词：

"橄榄球就是一个1英寸的游戏，其实人生也是如此。这1英寸就在我们身边的每一处，当它们合起来，就成为了决定成败和生死的关键。在任何战斗中，只有那些奋不顾身的人才会赢得这1英寸。在我余下的生命里，我依然希望能为那1英寸去战斗，因为这就是生活本身。"

我在想，他的房间和鞋子会是怎样的呢？这无关清洁和整理的问题，而是一种生活方式，让自己能够回望曾经伫立的位置。决定人生成败的那一英寸，也象征了制造这细小差别的细致和执着。

我这样的孤独，刚刚好

> 回到你的孤独中去吧！
> 你和那些微不足道的、可怜的事物，
> 生活得太贴近了。
> ——尼采 《查拉图斯特拉如是说》

一名受我指导攻读了硕士学位并参加了工作的学生，工作后没多久就来学校找我。一般的学生毕业后，都要过上几年才回学校来看看，相较之下，这个学生回来得也太早了些。我问他为什么回来，他说因为太想念大家，想回来看看研究室的前辈和后辈们，同时也来看看我，为此他用掉了自己的月休时间。难道公司里没有"人"了么？当我问他职场生活感觉如何时，他的回答出乎我意料：

"很孤独。"

狭小的研究室里不过几十名研究生，而且整天闹哄哄的，明明到了有数千名同事的大公司里，却说自己孤单，这不是很奇怪么？他的回答是：正因如此，所以反而觉得孤单。突然接触洪水般汹涌的人群，不知道自己应该和谁交往，不知道应该相信谁，被各种"ASAP"（as soon as possible的首字母缩略，意为"尽快"）任务压得透不过气，常常顾不上回复朋友的信息……慢慢地，曾经亲密无间的朋友们也很少联系，甚至变得疏远。

他的心情，我十分理解。经历了这么多年的职场生活，认识的人也越来越多，但有时走在下班路上，看着缓缓西沉的夕阳，心里却没来由地感到一阵孤独。年纪越大，这种孤独的频率和深度也越甚。这个叫孤独的家伙，简直就像一头猪，只要对它稍有怠慢，这种感觉就会不分时间地点地冒出来撩拨你，问你是不是感到很空虚，借此引起你的注意。总之，孤独这种东西，并非是由于你切断了与他人的联系，它好像是来自灵魂的警告，提醒你记得回望自己空荡荡的内心。

孤独是成年人的不治之症。原本"孤"是指少时没有父母，"独"是指老时没有儿女，这两个字合到一起，就意为"没有人和自己一起分担生活的重量"了。其实，所谓存在，本就是独自出生，又独自死去。所以，孤独并不是成年人的苦痛，而是人的本质。

每个人都说毕业之后就变得非常忙，因此为"属于自己的时间"少得可怜而愤愤不平。然而事实是——我们害怕"只有自己的时候"，于是我们选择去见别人、和别人一起做某事，借助这些方式，把本应该面对自我的"绝对孤独"时间填塞得满满登登。于是，日常生活被试图逃避孤独的挣扎所填满，装作一副空闲时间一点也不孤单的样子，来自欺欺人。工作，SNS，游戏，购物，子女……人们倘若不埋头于某事便似乎就支撑不下去了，这难道不就是因为孤独么？

但是，越是忙碌，就越应该铭记：省察和成长，只会在独自一人的时候发芽。最重要的，是有敢于直面孤独的勇气，而不是欺骗孤独。

保罗·柯艾略在散文集《像流动的河水一样》里，写过这样一段话：

"钢笔最重要的部分，不是包裹着它的外壳，而是里面的笔芯。所以，应当时常侧耳倾听，听一听你的心里，正发生着什么。"

能够倾听内心的时间，就是绝对孤独的时间。只有独自面对自己的时候，才能让你自省和成长。

就算明白孤独会让你成长，也无法做到独自一人，这是因为害怕与外界脱离。因为你害怕如果没有别人的认可和帮助，你就不能把自己树立成一个坚固和正直的存在。想要把孤独变成成长的力量，首先需要坚定地相信自己。这种信任，会让你战胜对与世隔绝的恐惧。

孤独是力量的源泉。

爱上你的孤独吧。

越拼命努力，效率越低？

> 不要像直线一样前行
> 美丽的路上没有直线
> 无论是对风，还是对河流来说，直线都是一种灾殃
> 只有蜿蜒迂回
> 河流才能源远流长
> ——朴路海 《没有直线》

　　大家知道数学中关于直线的定义吗？"贯穿两点之间的最短距离的线。"上学那会儿学到直线的定义时，我在心中暗暗诧异。因为只要提到直线，我们首先想到的就是它的"笔直""笔挺地延伸"等属性，然而神奇的是，书上却没有用这些属性来解释说明，而是用了"最短""距离"这样干巴巴的词来定义它。

　　贯穿两点的最短距离……贯穿两点的直线只有一条，这是几何学常识。想想就觉得凄凉，在直线的一生里，要达到某个点的话，只有一条路可走，而且是一条丝毫不能有差错的，距离最短的路。

　　我突然为直线感到悲伤，不知道是不是因为在直线中看到了自

己的影子。

生命的留白也有价值

我是一个特别在意时间效率的人。

举个例子，以前我所在的那栋教学楼，研究室离厕所非常远，挨着厕所的是系里的办公室，所以每次去厕所的时候，我都会顺便去趟办公室取一下信件或包裹。后来，我都会特意等到11点和4点邮递员送信来的时候才去厕所。因为觉得"只是"去厕所的话，太浪费时间了。

直到有一次，我发现自己哪怕特别着急上厕所时，竟然也会憋着熬到收发信件的时间，真的很讨厌这样的自己，心想："我干吗要活成这样……啧啧。"但是这种习惯一直持续到系办公室和我的房间分别搬到了新教学楼的1楼和4楼之后才改掉。直到现在，我每次去1楼取信件的时候，也一定要顺带办点别的事情。因为觉得"只是"取信件的话，太浪费时间了。

去澡堂的时候，我也一定会带上本诗集，因为觉得呆在澡堂里很无聊。我血压高，所以不能蒸桑拿，只能在热水池里泡上5分钟，这段时间也不想干瞪眼泡着，于是就看几页书。

诗集的册子很小，诗歌篇幅又短，是最佳的读物。但是，由于是在泡澡的时候拿来读，所以我的诗集全都有被水打湿过的痕迹。

为此我常感到有愧于那些用灵魂去雕琢文字的诗人。不过我真正愧对的，也许是自己这副皮囊吧，因为就连在水池里泡澡的5分钟时间里，我也没能让自己的身心得到片刻休息。

我很喜欢喝酒，但随着年纪增长，第二天的宿醉就越来越严重。大部分人都喜欢等到周五或周末喝个痛快，而我却正好相反。因为第二天不用工作的日子，是我状态最好的时候，这种时候我会专心写文章，所以是滴酒不沾的。一般来讲，当第二天有会议或研讨会等较多日程安排的时候，前一天的晚上我会喝酒，因为就算头脑再不清醒，活动都会继续，只要自己的身体坚持住就行了。有一次参加某个会议，酒还未醒，顶着一张通红的脸，一大早就困得直磕头，以至于自己都讨厌这样的自己，心想："唉，我为什么要活成这样呢？"

在健身房做重量运动，每做完一组之后，就应当休息1到2分钟。但是我不想浪费这点时间，于是每次做完上半身锻炼之后，就开始做下半身锻炼。我的想法是，做下半身锻炼的这1到2分钟里，上半身已经得到了充分的休息，这样中间不休息，上身和下身交替锻炼的话，就可以把运动时间缩短一半。

结果有一天，我这样锻炼的时候受伤了，估计教练要是知道了真相，恐怕得无语气绝。但我没有办法忍受什么事都不做地过1分钟，所以直到现在，我也还是那样运动，就算因此受过伤，也改不了，我想我一定是严重的"效率强迫症"患者。

2012年，迎来了盼望已久的安息年①，没有课，没有任职，也没有会议。我决心把外部演讲和节目录制缩减到最少，专心致志地写书，把年末一定要出版的《流行韩国2013》和早在一年前就该定稿的《流行中国》正式完成。此外，我还打算抽出时间来，一点点写另一本书的初稿——就是现在你们看到的这本书。

头脑清晰的早晨，我会写一写随笔，写不下去的时候，就浏览一下《流行中国》的相关资料，觉得烦了，就再执笔为《流行韩国》一书写序。当这些工作卡壳了，我就开始整理新的文件。想一想自己打算写的书，《写作讲义》、《解读流行的方法》、《流行热门商品开发方法论》、《流行软中国》、《中年随笔》、《老年随笔》、《青少年随笔》……我就像上下身毫不间断地运动那样，马不停蹄地写作，觉得自己快要变成一个写作机器。

春寒肆虐的时候，我还能坚持得住，当窗外牛眠山上的花朵和新绿开始萌发的时候，我的身体终于撑不住了，已经完全精疲力竭。用英语说就是"burn-out"，字面意思是"被火烧没了"，没错，我就是那副样子。好不容易好转的腰椎间盘突出，也因为长时

---

① 安息年：安息日和安息年均为犹太教的休息制度，韩国一些与基督教相关的机构也实行安息年制度，其中具有代表性的，就是一些基督教财团成立或资助的大学，教授们每工作6年之后，第7年可以休讲，专注于学术研究。

间坐着而复发了。当人们都换上轻便的衣服惬意地踏青散心的时候，我却还穿着冬天的睡衣，忍受着止痛药也无法缓解的痛楚。然而当我躺在床上的时候，最令我难受的，不是肉体上的疼痛，而是心里的负担，因为我总想着"安息年结束之前，一定要再多写一点……"

我转变心思，是某个瞬间的事。

"就算新书晚一两个月出版，甚至是永远都不出版，又有什么大不了？"

"落到生病难受，连书都不能继续写的田地，这给自己和读者带来的损害更大。"

等病情好转，能够活动身体以后，我不再像以前一样没命地和时间赛跑。我开始集中精力写随笔，思路停滞的时候，就出门散散步，周末也会和妻子出去看场电影。我把《流行韩国2013》的完稿日期推到了秋季，《流行中国》的计划完稿日则延长至冬季，至于其他书，也被我果断搁置起来。

打那之后写出来的随笔，反而更让我感到满意。写字倒不是什么难事，但是要修改到令自己满意，却是件很痛苦的事情。初稿写得比较好的话，修整起来就会省不少时间和力气。这也证明，稍微给自己留一点闲暇，效率反而会更高。虽然这不是效率范式里得出的理论，但却可以向我这种重症患者证明闲适的好处。

这个春天，当我的病痛将愈的时候，我又明白了另一件事，那就是：生命的留白也有价值，让自己放松一点也无妨。

多巴胺式的人生

最近很多人在谈论幸福。其实幸福原不是大韩民国的国民们口中的话题，因为在他们眼中，最重要的，是"成功"。他们一直坚信只要能获得成功就能变得幸福，为了取得成功，他们一直心无旁骛拼命地往前奔跑。现在，这信条终于出现了裂缝，因为现在人们终于渐渐明白，就算得到再多，也并不能保证一定会得到幸福。

并不是取得的成就越多，幸福就会变得越强烈，更重要的是，和期待相比，我们收获了多少。如果用一个公式表示的话，就是"幸福=成就/期待"。按照这个公式来看，想要幸福，有两个必要条件，即让作为分子的"成就"变大，同时使作为分母的"期待"变小。

大快朵颐时，买到漂亮包包时，升职时，考试取得好成绩时，体育比赛中胜利时，我们都会感到幸福。因为这时我们的大脑会分泌一种名为多巴胺的激素。作为一种当我们取得某种"成就"时分泌的激素，多巴胺能够使人感到兴奋和快乐，它是幸福公式中的分子变大的时候出现的一种激素。

从前我们一直在过着多巴胺式人生（Dopamine-driven-life），

即追求把成就当成基准的幸福。南北战争之后，在满目疮痍一无所有的情况下，想要跟上发达国家的步伐别无他法，只能勤奋地建立工厂，创造就业机会，努力取得成果。为了在竞争中胜出，为了比别人更快升职，为了获得比别人更多的薪水，所有人都马不停蹄，一心朝着前方奔跑。

然而，多巴胺的局限性在于，面对已经产生过反应的刺激，就无法再分泌出来了。这就是为什么买了新东西带来的快乐持续不了太久的原因。所以，想要借助多巴胺获得幸福的话，就只能"持续不断地"取得更大的成就。发展到最后，就会变得如果没有更强的刺激、更强烈的开心，就完全不会觉得幸福。

另一方面，当我们心里特别舒坦的时候，例如冥想的时候，在丛林中散步的时候，晒太阳的时候，帮助别人的时候，一种柔软的幸福感会油然而生，这是因为我们的大脑分泌了另一种叫做血清胺的激素。当我们追求幸福的时候，只靠多巴胺是不够的，还需要有血清胺。相比取得更多的成就，拥有更多的物质而言，保持对自己拥有的一切满足和感恩的心态更重要，这就是血清胺式生活（Serotonin-drinven-life）。

想要拥有幸福，重要的是调和多巴胺和血清胺的分量。没有感恩的成就是孤单的，没有成就的感恩是无力的。我们的幸福取决于，在对成就的热情和感恩的顺从之间，我们能否把它们调整均衡。

申永福老师曾说："好不容易握紧毛笔努力画出的笔画，如果歪了的话，就必须调整其他笔画，或者改变字形，来补救这一败笔。"就如老师说的那样，这样的补救之所以有用，是因为笔画的成败不是独自决定的，而是取决于笔画与笔画之间的关系。可不可以不做比着尺子画出来的直线呢？如果能"借助各种形态，彼此相互依靠，相互忍让，补救失误和缺点"的话，也是非常美丽的。

再圆滑一点，再歪斜一点，偶尔停下来休息一下，喝杯烧酒慰劳一下自己，或借助他人的帮助使局面好转，这都是曲线的快乐。即便出现失误也不放弃，诸多的不完美相互弥补，这就是艰难地书写出的劲美文字的价值，也是这世上无数的"直线"们应该学习的属于迂回和彷徨的美德。

歪扭、迂回也无妨，减速、迟缓也无妨，取得成就时，要沉得住气。就算不完美，就算不迅速也无妨。与朴实相协调的留白，是人生的宝物。

我们背负的命运般的生活羁绊，
不是我们某个瞬间能克服掉的东西，
而是我们承受着的东西。
让我们一天一天地过活吧。
为做到这点，我们必须背诵一个咒语。

像朝拜的虔诚信徒一般不断重复，
以抚慰自己心灵的咒语。
Amor Fati,
爱上你的命运。

III.

真正变成大人的那一天

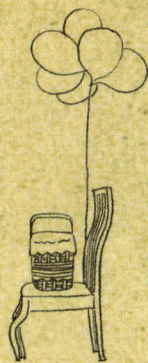

一个人变成大人的结果，
就是头衔变多了。
随着自己要扮演的角色越来越多，
渐渐地，
自己也变得混乱，
不知道自己究竟是谁。

做爱和心灵交流，哪个更重要

爱情的结局

是当人与人的肉体贴合时，

当男人和女人交织缠绵时，

就开始设想共同组建一个家庭。

——朴哲 《爱情》

为性而烦恼，是成为成年人的一个确凿证据。虽然不能说有过性经历的一定都是成年人，但成年人大都会有性行为。

如果从词源来考证，也是如此。据说"어른이（成年人）"一词是从"얼우다"延伸而来，而"얼우다"则有"结婚"和"性交"的含义。因此可以说，在词源上讲，性和成年人是同义词。

人类为什么性交？这问题问得真傻。人类是生物，身为生物，背负的严峻义务就是繁衍后代，所以人类当然是为了繁衍后代而发生性行为，这是一种本能。但是，众所周知，人类发生性行为，也并非一定是为了繁衍后代。从存在多种多样的避孕方法来看，生殖反而是人类进行性行为时最避讳的。这是为什么呢？

我们为什么进行性行为

美国的进化心理学者戴维·M.巴斯曾对人们性行为的动机进行过调查，他将初次收集的715条理由整理归纳为237条之后，又分别对男性和女性做了调查，并进行了分析。

竟然有237条理由！原来发生性行为并不只是为了生儿育女。在前10位的理由中，有8条是男性和女性都选择了的。具体如下：

1）我被ta深深吸引了。

（男性1位，女性1位）

2）我想感受肉体上的快乐。

（男性3位，女性2位）

3）我喜欢飘飘欲仙的感觉。

（男性2位，女性3位）

4）我想对ta表达我的爱欲。

（男性5位，女性4位）

5）做爱很有意思。

（男性4位，女性8位）

6）我有性冲动，想要释放这种欲望。

（男性6位，女性6位）

7）我想对ta表达我的爱。

（男性8位，女性5位）

8）我处于发情的状态。

（男性7位，女性7位）

除此之外还有229条理由，在这里就略过不提了。

如果把上面的8条理由分类的话，大致可以分为三类：与关系相关的理由（1，4，7）、与快感有关的理由（2，3，5），以及与本能有关的理由（6，8）。

进一步说，人类发生性行为的原因，首先，是因为有亲昵的关系或为了表达喜爱之情，其次，是享受做爱本身带来的快乐，第三，是为了释放本能的欲望。

人鱼公主的故事

又读了一遍《人鱼公主》的故事，这是个非常有名的童话故事，上半身是人下半身是鱼的人鱼公主爱上了邂逅的王子，为了和王子在一起，人鱼公主用自己甜美的声音跟巫婆交换来了人类的双腿，但作为代价，她再也无法开口说话。虽然拥有了双腿，但是却失去了声音的人鱼公主和王子再会时，却无法得到王子的爱，最后变成了一堆泡沫。

这是一个非常悲伤的爱情故事，不过在这里，我打算从另一个角度解读它：是要没有心灵沟通的性，还是要没有性的心灵交流？

当人鱼公主下半身是鱼的时候，她遇到了王子，并和他相爱。无奈的是，他们虽然可以沟通，却无法做爱，因而他们的爱情无法变得完整。当人鱼公主拥有了人类的双腿，却失去了作为沟通手段的声音……她选择了没有心灵交流的性爱，最后，如我们所知，她的结局是悲惨的。这种解释是不是有些过分？

如果你是人鱼公主（或王子）的话，你会作何选择呢？你会选择没有沟通的性？还是没有性的心灵交流？

爱情即是语言。成长道路完全不同、各自独立的两个个体，通过不断的心灵交流，相互理解，逐渐产生共鸣并变得相像，这就是爱情。所以，心灵的交流是极其重要的，交流是爱情的精髓。因此，爱情中不存在所谓的"没有消息就是好消息"。交流和沟通被切断的时候，爱情也就随之结束了。

就算一直守在对方身旁，就算彼此再亲密，但如果无法再沟通，爱情就消失了。即使相隔再远，只要心有灵犀，爱情就能维持长久，不过这种交流发展到最后，还是性关系的发生。

可惜的是，现实中的性关系，并不一定意味着沟通的完成，它只是一种扭曲的关系。

第一，将性关系看成"释放本能的手段"，特别是对男性而言，经常会发生这种情况。我了解到，甚至有的男性以保护自己恋人的纯洁为由，去酒店之类的地方满足自己的性欲。这种行为不仅是对自己恋人的不尊重，也是把保持爱情完整的恍惚意识沦落为动物的情欲的懦弱举动。与其如此，还不如放任自己的冲动，或坦诚告诉对方自己坚持不下去了，不要用"为了维护深爱的女友"这样不像话的幼稚理由来替自己辩护。

第二，只是单纯地沉溺于做爱本身带来的快感。我们经常会见到这种情况，有的人即便最初是为了表达对对方的爱情才同枕共眠，但是后来却仅仅沉溺于肉体关系产生的快乐了。这同只把松饼上的巧克力吃掉的小孩子有何区别呢？其他的交流和沟通方式全都退化，导致最后不是因为情到深处而做爱，而是为了做爱才维持恋爱关系。

第三，性成为了维持男女关系的唯一纽带。害怕关系无法维系时对方会厌倦自己，说不定哪天就离开自己了，基于这种担忧，性成为了一种习惯，同时也是一种保障。不善于表达自己感情的男性在难于说出"我爱你"或"对不起"的时候，会贪求肉体欢愉，摸不透对方意图的女性为了留住爱人，从而与之同床共眠。这种情况下，性已经成为了"感情的惯性"，成为了延续关系的工具。

这个问题实在很难解答，不是做出一副道德家的样子，然后大喊着"应当节制对肉体的过度贪恋"之类的口号就能够解决的。性和洋溢着最美最恍惚的情感的爱情必须同步。如果不能释放对欲求的宣泄，或者只是为了贪求肉体上的短暂快乐，或使之成为延续感情的唯一绳索，这样的性是悲惨的，注定会像人鱼公主的故事一样。

每一天，你戴着几张面具生活

能把我称为我的人，

舍我其谁。

——莎士比亚《李尔王》第1幕第4章

"尊敬的顾客，我们爱您。"

拨打114查询电话号码，结果电话那头素不相识的女性用甜美的声音对我示爱。从陌生女性口中听到那样肉麻的话，我感到很惊慌，但是电话那头，每天不得不这样说数十遍"我爱您"的人更可怜，她们得多么难为情啊，就算是对自己的恋人或丈夫，也没说过几次这样的话啊。公司可真是一个贪婪的存在，竟然若无其事地让员工说出"我爱你"这样崇高的话。

那位客服人员坐在自己的工作岗位上，她戴的东西不是耳麦，而是面具吧———顶只要面对的是顾客，那么不管他有多么无礼和讨厌，都要对他说爱的面具。

这是一个付出感情劳动的时代，像商场里销售人员和飞机乘务员等需要与人面对面交流的职业，无关个人感情，都必须保持明朗的微笑，使用亲切的话语。无论内心是痛苦，难过，还是愤怒，都必须像演戏一样把自己的感情藏起来。如今，无礼的消费者越来越多，在这种现实下，这真不是一般的工作。现在的人，不仅身体要干活，就连心也要干活。

需要像电话客服人员那样，一直用亲切的话语和极其尊敬的口吻对待顾客的感情劳动者，其比例占到劳动者的40％。实际上，几乎所有的工作都包含感情工作的成分，只是比重大小的差别而已。真不知道，是不是走入社会就意味着要带上好几张面具，然后根据不同的情景戴上不同的面具，变成与那张面具相符的感情劳动者。

头衔变多了，面具也变多了

小的时候，我们只要忠于自己就可以了，寻找自我，并赋予自己力量，这就是青春时代的义务。但是当接触到的世界越宽广，我们背负的义务也逐渐增多。如果这时依然只顾自己，那么就会被指责过于自私。

一个人变成大人的结果，就是头衔变多了。在家中，是儿子或女儿，妻子或丈夫，儿媳或女婿，还是父亲或母亲，在外面，就是能干的上班族。即使是和朋友或恋人见面的时候，我们也必须做一个配合具体场合施展适当演技的出色演员。这世界就像是一个巨大的假面舞池，一个难以认清他人真面目的化装舞会。

问题是，随着自己要扮演的角色越来越多，渐渐地，自己也变得混乱，不知道自己究竟是谁。面具如果戴得太久太熟悉，反而会产生把假面当成自己的错觉，而把自己的真实面目当成是另一张面具。我们都在变成多重人格，以前这被当成一种精神疾病，如今却成了帮助我们在社会上生存的力量。

有人说，所谓日常生活，不过是人们把自己的形象表演给别人看。社会学者戈夫曼说，现代人的生活就是一场表演。在日常生活中，我们并非毫无思想地对待他人，而是非常有战略性地思考，并管理着自己的形象，就像是站在舞台上的演员一样。所以，我们是戴着面具在生活，与其说这张面具是我们的本性，不如说是我们"想变成的自己"更贴切。问题是，我们会时而觉得这面具是假的，时而又相信它是真的，在冷笑和真实之间不断摇摆和彷徨。

我是谁？

现在扮演的这个人是我？还是内心深处有一个"真的我"存在？

哪个是面具？哪个又是真实的面孔？

性格测试，你相信吗

人们很喜欢做"性格测试"，给出某种假设的情景和选择，然后根据选择判断出"你是这种性格的人"。如果描述和自己的性格相符的话，就会说着："对！对！"拍掌叫好。如果不相符，就疑惑着："我还有这样的一面吗？"连连摇头。还有的人喜欢询问别人的血型，如果说是A型的话，就会以此判断你"怪不得这么谨慎"或"A型血的话应该很积极吧"。此外，靠星座或生辰八字、面相、手相，甚至是脚掌形状来判断性格的人也比比皆是。

其实，我们之所以喜欢做性格测试，是因为我们自己也很想弄清楚自己的性格。因为我们想对自己下定义说"我是这样的人"。

其实，我完全不相信性格测试、血型心理学、生辰八字之类的东西。不仅是因为我觉得这些东西都没有科学依据，也因为我相信人的性格是在不断变化的。"下定义"这个词用英语表达就是"define"，它的含义是"用边框围起加以限定"。我们为什么一定要规定我们自身，用屏障把成长和改变的可能性圈起来呢？为什么连自己也要迫不及待地判断自己呢？

随着社会变得复杂，我们要戴的面具种类也变得越来越多。越是这样，对于"我是谁"这个问题，我们就越要婉转一些来回答。"本来我是这样的人……"或"我应该是这样的……"如果过分执着于一成不变的自我观念，就有可能使自己陷入在面具和真实面孔之间无法回头的偏离。正如蛇不能按时蜕皮就会死掉一样，我们自己也需要慢慢地、坚定地蜕掉那层外壳。

重要的是，静观自己和自己需要戴的那些面具。作为大人，我们还需要另一个客观的自己，能够冷静地观察自己不断成长和变化的真实面孔，以及自己的面具。只有这样，在不断更换面具的混乱竞走中，我们才不会迷路。只有这样，我们才能找到与我们的成长相符的，自己更成熟的样子，并保持下去。

每天早晨起床，想想今天要见的人，挑选当天要穿的服装，同时也别忘问问自己：

我是这场混乱表演中的木偶，还是主人？

写完这篇文章的初稿以后，发现114的客服口号变成了"亲爱的顾客，加油"，不知道这句问候语对查询电话号码的顾客来说合不合适，不过我想，对客服人员来说，这倒的确是件好事。

我不要像爸妈那样生活

> 姐姐总是顶撞妈妈：
>
> 妈妈为什么活得像熊一样！
>
> 我不要那样生活！
>
> ——权赫雄《秃鹫五兄弟》

"父亲能为儿子做到的最大努力，就是早点死去。"

说出如此偏激话语的人，是哲学家和小说家让-保罗·萨特。他在给家长做演讲时，有时会说到这句话，以表达"让子女走自己的路"之意，这引起了强烈的反响。萨特出生的第二年，他的父亲就去世了，那之后他和外公住在一起。从小他就是在外公堆满了藏书的书房里，在那些书的陪伴下长大的。没有家长的权威压制，得以自由地涉猎各种知识的少年时代，为萨特创造了思想的沃土，使他能够跨过既有的价值观，并自在地思考。

他和一个受人冷落的牛高马大的姑娘结了婚，并马不停蹄地生下了一个孩子，也就是我，之后就朝着死亡的路飞奔而去了。……

如果我的父亲还活着，我想他一定会躺在我头顶上压制着我。幸运的是，他很早就过世了。

为了超越父亲而努力奋斗

即便不像萨特说的那样极端，但对于儿子来说，父亲的确是一个无法轻易跨越的、牢不可破的坚固的世界。把母亲看成性对象，而把父亲看成想要超越和竞争的对象，虽然我觉得弗洛伊德提出的这种"俄狄浦斯情结"多少有些夸张，但是对于想要长成大人的儿子来说，已经达成了许多目标的父亲就是"一面跨不过的墙"。儿子对父亲的感情，既有尊敬又有轻视，既有羡慕又有嫉妒，可以说充满了矛盾。所以，尽管他们信誓旦旦地决心"我才不要变成父亲那样的人"，而当他们踏入无情的社会，才发现"想要和父亲一样也绝非易事"，并为之绝望。

父亲们总是对儿子不满。他们总觉得自己年轻的时候更有雄心壮志，更加诚实勤恳（当然，这有可能是事实，也可能不是事实。为什么这么说呢？因为每个人对年轻时代的记忆都会有所夸大）。儿子实在是太不像话了，看他现在这副熊样，也不知道将来到底能长成什么样。

不知道是不是这个原因，父亲和儿子的关系往往不是很好。因为彼此看对方的视角不同，而且又都是男人，交流和沟通也不够圆滑。通常来讲，男人们之间的对话总是很生硬，这其中最糟糕的，正是父亲和儿子之间的交流。原本是想好好交流一下，到了最后，十有八九会落个老子教训儿子、儿子反抗老子的结局。父亲们本应该首先巧妙老练地引导二人的对话，结果由于中年男人的沟通能力实在太过欠缺，再加上平时对儿子的认识就有失偏颇，于是二人的别扭就一直僵持着。

有个长大成人的儿子，父亲节那天突然真的很想念自己的父亲，于是给父亲打了个久违的电话，并对父亲说"爸爸，我爱您"，结果立刻遭到了父亲的呵斥："臭小子！你是不是又闯什么祸了！"

还有一个笑话，说有个父亲，听到讲演里说应该经常跟儿子对话和交流，于是回到家后打算尝试一下"对话"这种东西，他让儿子坐下，结果直直地盯着儿子看了老长一段时间后，最后挤出了一句话：

"你这回考了第几名？"

儿子也是一样，很难敞开心扉和父亲说说话。小说家弗兰兹·卡夫卡曾经给自己的父亲写过一封信，与其说是"一封"信，确切地说是一本名为《写给父亲的信》的书。大概是因为害怕父亲，所以无法逐一说清楚，最后他就写了一封信。这也反映出，儿子和父亲交谈，是件多么困难的事情。

当儿子也有了自己的孩子以后，才会开始真正地理解父亲，至少对我来说是这样的。当初作为史上最年轻考生成功考入大学的父亲，对我考试落榜这种事着实不能理解。那时候，我很讨厌父亲强迫我按照他设计的方式去生活。直到父亲去世15年以后，当我也有了自己的儿子时，我才明白，其实父亲并不讨厌我，而我也并不厌恶父亲。

为什么总是醒悟得这么晚呢？父亲已经喝过"孟婆汤"，而我也再无法向他说声抱歉。活着的时候不能得到儿子理解的父亲，又会是多么委屈啊。所以某天当我抱着儿子哄他入睡的时候，我下定了决心：一定要活到这小子也有自己孩子的那一天，到时便可以向他示威，冲他说："臭小子，现在你明白我的苦心了吧？"

儿子的成长期，就是为了超越父亲而努力奋斗的过程。不愿像父亲一样活着，想要赢过父亲，这种挣扎变成了生活的动力。最后，所谓成功，又归结成能否超越父亲的问题，不是么？

我要嫁给爸爸这样的人

女儿和父亲的关系，要远比父子关系好得多，很多父亲把没给儿子的宽宏的爱，都转化成了对女儿毫不掩饰的偏爱。"儿子迷"的老爸不常见，但是钟爱女儿简直到了失去理性的程度的"女儿迷"的老爸，在我们周围可真不少。

"等我以后长大了，我要嫁给爸爸。"很多小女孩儿眨着亮晶晶的眼睛会这样向世人宣布自己的结婚对象。

这是必然的结果。对于女儿来说，爸爸是这个世界上第一个认识的男人，也是最疼爱她的男人。哪怕有一天等明白了爸爸已经和妈妈结婚了，女儿的理想型男人也不会变。

"等我以后长大了，我要嫁给爸爸这样的人。"

当然，不希望选父亲这样的男人当老公的女儿，也出人意料的多。但即便是这种情况下，在女儿的潜意识中，也很难抹去父亲的存在。

依据精神分析学泰斗荣格的理论，女性的精神中存在着男性向的因素（女性人格的男性意向 animus），而男性的精神中存在着女性向的因素（男性人格的女性意向 anima）。所谓爱情，正是这种异性相的投射。简单点来说，人们之所以会一见钟情，并不是因为某天突然遇到了骑着白马的王子或是丛林里的公主，而是由于在现实中遇见了和自己内在的异性相类似的人。但大部分情况下，女性的男性意向会被父亲的形象占据，所以女性总是会被和自己父亲有着相同的男性特质的异性所吸引。女性之所以选择自己的父亲为理想型，是有原因的。

对不喜欢父亲的，自我意识很强且富有魅力的现代女强人而言，相比善良的男性，她们会更容易被狼一样的"坏男人"吸引。

这样的现象也是家长制下的男性意向的作用。这种现象被称为"女强人的浪漫困境"。

父亲是女儿的初恋。当女儿找到自己的另一半,并与之结婚的时候,父亲已经成为了一个十足的老人。当回忆起父亲这个永远的理想型时,那种感情由初恋变成怜惜的时候,少女也已经长成了大人。

母亲,无止境地索取对象

TV综艺节目中,当参演者现场录制"给妈妈的视频留言"的时候,所有参演者都无一例外地红了眼眶。刚刚还在开怀地大笑喧闹,然而说出"妈妈"二字的时候,立刻就热泪盈眶。放眼整个韩国,说起母亲的时候不抹眼角的人,试问有几个?

在这一点上,母亲与父亲截然不同。在我们心中,父亲像是无法超越的冰冷的玻璃围墙,然而母亲却是默默关注着我们,将我们温柔包裹的温暖存在。父亲们的确没有理由为受到的差别待遇而不满,我们是母亲身上掉下的骨肉,母亲的乳汁把我们喂养成人,母亲给我们穿衣喂饭,站在子女的角度来看,在这一点上,为了赚钱总是在外忙碌奔波的父亲是根本无法与母亲相比的。

对于儿子来说,母亲一直是自己无止境地索取的对象,然而不知从哪一刻起,母亲却变成了自己要去保护的对象,母子关系发生了剧烈转变。当年幼的儿子长大成人，经济上开始独立时，想要报答母亲养育之恩的责任感也油然而生。尤其是对父亲早逝，母亲一人挑起重担的家庭里长大的孩子而言，这种责任心更要强百倍。但问题是，到了这种年龄，儿子自己也已经有了需要自己去抚养和维持的小家，虽然双眼总是顾着母亲，可双手却要伸向自己的小家，双眼和双手之间的距离，实在太远，太远。所以，在母亲面前，儿子永远是罪人。

对于很多母亲来说，儿子代表着她们的功绩，尤其是在竟会出现"四个女儿一个小儿子"这种组合的重男轻女思想强烈的年代，更是如此。有时候母亲们并不直呼儿子的姓名"某某呀"，而是直接喊"儿子啊"，其实这里面透着"我生了儿子"的自豪感。尼采曾说："母亲爱的不是儿子，而是从儿子身上得到的自信。"有的母亲也许会把自己"没有实现的梦想"投射到儿子的身上。

当儿子长大成人以后，相比父亲，母亲更倾向于依靠儿子，随之加重的是儿子们的负担。在母亲和妻子之间，在"mama boy"和孝子的纠结之间迷失了方向的男性的烦恼，正是从这里开始的。

要不要像母亲那样活着

与之相反，女儿和母亲随着时光流逝，反而日渐亲近。母亲和女儿，通常是一个家庭中关系最为和睦的组合。在这里，我想用进化心理学者的话来解释一下原因。

原本生物在行使完繁殖职能之后，就活不了多久了。千年古树到了无法再开花的时候，也会死去。想一下产卵之后便庄严地死去的鲑鱼吧，完成了繁衍种族的职责之后，便把生存所需的资源让给子孙后代，使物种的生存和延续更加高效。然而人类却很特别，人类在完成繁殖使命后，仍然会存活很久，尤其是女性，在绝经之后仍然能活30年左右。这是为什么呢？进化心理学者表示，人类这种生物，要为育儿付出太多的劳动和心血，所以为了帮助女儿抚养孩子，就算女性逐渐衰老，即使没有了生殖能力之后，也可以生存很久，这便是人类进化的趋势，这种理论被称为"祖母假说"。所以，从进化论的角度来看，女儿和母亲之间的关系也必然是非同寻常的。

姑且不论进化心理学的假说是否正确，放眼周围，我们就能够看到很多充分的证据。女儿和母亲年龄越长，就变得越如同朋友。有句笑话说，有两个女儿的妈妈得的是"金牌"，有一儿一女的妈妈得"银牌"，只有儿子的妈妈只能得"木牌"，说的都是这种道理。就算女儿小时候，母女之间总是吵嚷争执，但是当女儿渐渐长大成人，就会变成妈妈最亲密的朋友。

很多女儿在成长的过程中，都会下定决心"坚决不要像母亲那样活"。接受了独立积极的女性角色教育的女儿们，无法理解在家长制秩序下顺从生活的母亲那一代女性。就算在穿衣喜好或柴米油盐等琐碎小事上，女儿和母亲也总是有着大大小小的冲突。早期的时候，女儿往往会屈服于掌握了决定权的母亲，但是在心里却会下定决心："我绝不要像母亲那样活着！"甚至连母亲也会鼓励自己的女儿"没错，你千万不能活得像我一样"。

偶尔妻子会说："每当我发现自己年纪越大，生活的方式就越像我当初厌恶至极的母亲的生活方式，我就无比惊惶。"刚结婚的时候没觉出来，但时间一长，就感觉妻子和岳母在生活习性、待人接物甚至是说话语气等方面的特点很相似，有时甚至会发现我家和岳母家中在室内布局和装饰的相似之处。妻子正在慢慢地变成和岳母一样的人，大概正因如此，才有"一定要先看清未来岳母是什么样的人"这样的老话吧。虽是妻子偶尔自言自语般地嘟囔出的一句话，但在我看来，这并非是她自己才有的感触。

"明明不愿像母亲那样活着，却偏偏和母亲越来越像……"

长大成人的过程，也是以与现在截然不同的方式去理解父母亲的过程。当我们能够重新审视体会自己对于父亲母亲的爱憎情感时，我们正渐渐长成为一个大人。

职业女性和全职太太，哪个更有安全感

> 洗衣淘米，浆洗缝补，
> 在日复一日单调到几近恐怖的反复循环中，
> 那种朦胧微弱的意识终将令她睁开双眼。
> 当我们开始质疑"这就是我的生活吗"，
> 我们应该珍重地捕捉这种意识的觉醒。
> ——全惠林《并且什么也没有说》

偶尔我会给别人主持一下婚礼。主持婚礼和讲课不同，因为课堂是自己的，所以就算有点小差错也无妨，而且课程每周都有，即便漏下什么内容，只要下节课补充好就没什么问题了，但是婚礼却不是我自己的东西，所以不允许有错，而且婚礼是新人一生只会经历一次的仪式，所以不会有"下一次"。所以人们主持婚礼的时候常常会紧张。据说有位法官在主持婚礼的时候竟然说"原告愿意娶被告为妻吗……"，竟然把新郎和新娘叫成原告和被告。我自己也曾有过"请新郎新娘转过身去，面对着同学们"这样的口误。

但是最紧张的时刻，莫过于婚礼结束，高喊"新郎新娘，前进[1]"的时候。

看着正如司仪所说的那样，"从现在起，一起向着世界迈出步伐的新郎新娘"的背影时，我的感触是："恋爱的时候看着很不错，现在真正结成了夫妇，接下来的日子，他们能过得幸福吗？"婚礼的结束并不是紧张的结束，反而意味着真正的紧张将接踵而至。如果新娘打算做专职主妇的话，我的担忧就更深一层了。

是做主妇，还是做自己

当然，再没有比能够和深爱的人组成一个家庭共同生活更幸福的事情了。而全职主妇，顾名思义，就是可以把这件幸福的事当成工作来做，是一个每天从早到晚都可以做这件事的幸福职业。

即便如此，我还是不免担忧，因为成为专职主妇后，需要接受的改变实在是太大了，你将进入一个出乎你意料的崭新世界，这与你单身时的生活截然不同。对于男性和继续从事社会活动的女性而言，继续维持单身生活时整体性的同时，还多了一个配偶的角色去扮演，但至少还剩下了占据"生活的一半"的社会生活。然而对

---

1 新郎新娘前进：这是韩国现代婚礼的程序之一，当新郎新娘宣誓、交换戒指并行礼之后，意味着二人从此正式结为夫妻，此时主婚人高喊"新郎新娘，前进"，新郎新娘会在众人热烈的掌声中，携手走过人群，象征二人迈出婚姻生活的第一步。

于专职主妇们来说，婚后与婚前的生活之间，存在着巨大的断层和沟壑。见的人、追求的价值、关注的事物等等，都发生了巨大的转变，可以说是"生活的全部"都发生了改变。

我妻子就是这样。结婚之后，她就放弃了曾经做得很好的工作，不久就随我踏上了留学之路，到一个语言不通的陌生国家，开始新的生活。虽然当时我们打算一起学习，但很快因为怀上了大儿子而不得不作罢。当时她妊娠反应特别严重，甚至连门也不能出，婚姻让她不得不面对和单身时候截然不同的一种生活。现在想来，当时我的角色不仅是丈夫，也是看护人吧。

对于主妇来说，家庭就像一个岛屿，它既可以变成一个专属于自己的王国，也可以变成一座没有铁窗的监狱，你必须同时承受安定和孤立。也许有人会说，现在的主妇们既可以经常外出，又有电话、电脑等各种联络工具，哪来的孤立之说啊。然而，这种孤立是心理上的，是哪怕一整天都出门在外或喋喋不休也无法填补的，心灵上的空缺。

这种脱离感源自从个人变成主妇时，在"存在的意义"上的转变。问题是，这种"主妇的存在意义"不是自己一个人能够寻找到的，而必须要依存于家人才能实现。换句话说，主妇的成绩究竟有多大，只能通过丈夫的事业多么成功，孩子的学习多么优异，或整个家庭多么殷实和睦等来体现。但是这些都不是仅凭主妇一个人的努力就能够解决的。一个人的整体性，不能只通过自己，还必须借助别人来实现，这是一件非常令人不安的事情。不仅如此，当这些条件成了评价主妇价值的绝对标准时，很有可能使她们陷入无法主宰自己幸福的危机之中，专职主妇会在"无法担负的艰巨压力和无法填满的欲望"之间，迷失原本的方向。

当一个女人成为家庭主妇之后，她与可以称之为整体性核心的"本人姓名"也渐行渐远，取而代之的，是"某某的爱人""某某的妈妈""某某家的"等称呼。我曾遇到过一位主妇，她说在医院排队候诊的时候，当护士不断叫着她名字的时候，她竟未反应过来，还在想"这人怎么还不出现啊"。据说风流小生们勾引主妇的时候，第一步就是叫其姓名，因此，称呼一个人姓名的重要性可见一斑。

结婚与否，都有属于自己的空间

个人认为，当家庭主妇的个人整体性随着时间流逝而不断动摇时，她们最需要的就是赋予自己"身为一名主妇，我极其重要"的价值。或许新婚燕尔的年轻主妇们还不需要这种自我肯定。但是随着婚姻生活的拉长，这种认识会变得越来越重要。身为家庭主妇的时间越久，需要自我肯定的需求就越强烈。

家庭主妇应该把价值的标准，落实在"自己"身上。

举个例子来讲：

与职业女性相比，全职主妇感觉自己更有价值的时候，不应当是孩子学习更好的时候，而应是因为"自己"给了子女旁人无法匹敌而又深沉的爱，而感到满足的时候。

与职业女性相比，全职主妇感觉自己更有价值的时候，不应当是因为自己的丈夫挣了足够多的钱而惬意地无需外出工作的时候，而应当是"自己"将或多或少的收入进行合理规划投资，更有效地打理生计，发自内心地感到自豪的时候。

与职业女性相比，全职主妇感觉自己更有价值的时候，不应当是自己不用上班，闲暇时间更多的时候，而应当是"自己"比职业女性更繁忙、更辛勤地进进出出，为了家庭幸福花费时间和心血的时候。

如此说来，具体应该怎样做，才能使专职主妇更好地维护自己的整体性呢？在这里我想提三点建议，那就是：有自己的书桌、自己的时间以及自己的存折。

首先，主妇也应该有"只属于自己的空间"。虽然我们常说整个家都是主妇的，或者说厨房和卧室是主妇的专用空间，但这只不过是生活空间而已。我们不仅需要劳动的空间，另外还需要能够令自己更加自我的空间。当然，对于大多数人来说，在原本就不甚宽敞的家中另辟一方"主妇空间"，是件不切实际的事情，但至少要准备一张属于自己的书桌。记住，不是化妆台，而是书桌喔！你必须给自己打造一个可以在那儿喝喝咖啡、看看书、听听音乐等的"空间的节余"，让自己不仅能够直面自己的外表，也能够直面自己的内心。

如果你已经具备了属于自己的书桌，那么接下来就需要确保拥有固定的属于"自己的时间"了。丈夫上班、孩子们上学之后，接下来的时间不就都是主妇的吗？当然不是。忙里忙外地做家务，累了就在沙发上坐一会儿，看看电视，这样的时间，不能被称为"自己的时间"。就像学生学习50分钟后就会休息10分钟，到了12点就去吃午饭那样，主妇们也应定下特定的时间段，像到了时间就要交卷一样，为自己留出空白的时间，能够回到自己的空间中休息。别看全职主妇们好像都有大把的时间可以利用，其实对她们而言，想要调控时间，反而更难。

当我不分个人时间和工作时间地工作了15年之后，才醒悟到：越是这样，就越要把工作时间和休息时间以及娱乐的时间区分清楚。为了做些能够让你更加自我、更加幸福的事情，每天抽出50分钟的时间来交给自己吧。

最后，主妇们还需要一张收支存折。记住，不是银行卡，而是存折喔！身为主妇，必须拥有一个属于自己的存折，把家中收入的一部分作为自己家务劳动的报酬打到存折里。当然，大部分家庭中，丈夫的工资卡或家里的积蓄都是由家庭主妇来管理的，所以可能有人会质疑：那个钱不就是自己的钱吗？实际上真的不是。精打细算的家庭主妇们为了调整收支，往往会把花在自己身上的钱放在最后位置。面对用在自己身上的支出，她们应当变得更理直气壮一些，就算那钱被花在日常生活中，或者借给了娘家人或亲戚等，那也不是从生活费里扣出来的钱，而是自己的钱。

重要的是，她们应该意识到家务劳动也是一种非常有价值的劳动形态，并且懂得用物质报酬来补偿自己。至于主妇们应得多少酬劳，每个家庭的情况不一样，所以也无法一概而论。但是我还是主张每位主妇都能拥有一个专属于自己的存折，哪怕里面并没有存太多钱。

当我提出要给妻子开个账户，为她办张存折时，被她一顿嗔怪："怎么净做些没用的事啊？"现在，她每次看着自己的存折都会特别开心。各位老公，如果真的想对家中的贤内助表示感谢，不要仅仅停留在口头上，给妻子办一张存折来证明你的心意吧！

不过，如果诸般努力都不能令全职主妇发自内心地感到愉悦的话，那么这一切也只不过是堆砌了一座沙城而已。我们应当走出内心的岛屿，冲破工作和事业层面的人际关系，创造出各种各样的际遇。当彼此相遇、相互学习、相互交流，以此分享和分担全职主妇的快乐和苦痛，就能够从名为"家庭"的内心的樊笼中挣脱出来。

如果自己不去缔造这种满足和愉悦，那么主妇也只能成为监狱中的囚犯，监狱门口挂着"我深爱的家"的牌子。

我希望所有的全职主妇，包括我的妻子在内，都能够拥有一份自豪感，把全职主妇看成能够掌管自己的王国的，这世上最尊贵的职业。因为在这个王国中，最爱你的人以及你最爱的人，都在你的关怀下吃穿住行，安心生活。

选择生孩子，还是选择拼事业

深夜蹑手蹑脚去洗漱的时候

发现六岁的女儿的牙刷和我的牙刷

刷毛贴附在一起，紧紧地拥抱着彼此

就像白天我一直想对女儿做的那样

——郑极星 《深夜略读》

今天一早7点30要开会，一大早边吃饭边开会的国家，估计全世界也只有韩国一个。清晨头脑极为清醒的时候，本应当是我写作的时候，却不得不用来听关于各种现况和政策的无趣报告。

正如我常把"我做教授是为了能睡懒觉"这句话挂在嘴边一样，我的确极不喜欢早起。哪怕是在相同的时刻起床，睡到自然醒与被闹钟强制叫醒，还是有着天壤之别的。明明已经定好了闹钟，却还三番五次醒来，反复想着"几点了"难以安枕。最后好不容易进入了梦乡，那恼人的铃声却突然把我从清梦中唤醒，拉回繁杂的现实世界。又不是世界末日来临，而且也根本没什么值得讨论的紧急事件，值得打破清晨如此朴实的平和吗？所以，这世上我顶讨厌的人，就是那些建议开早餐会议的家伙了。

早晨6点，令人抓狂的闹铃声在叫醒我的同时也吵醒了全家人，起床后匆忙洗漱，穿戴整齐，然后去学校。当我略迟了5分钟抵达会议室时，发现其他的与会者几乎都已经到了。当我向邻座的女教授抱怨着自己如何不喜欢早起参加晨会的时候，她粲然一笑，说道："金教授只要人起床出门就行了。我出门之前，还必须给孩子们做好早饭，准备好他们去学校要带的东西。"

天哪，我从未想到过这点呢！那这位女教授究竟得几点就起床啊？要做好饭，给孩子们准备好东西，自己再收拾妥当出门……而且家还住得很远。啊，活着是如此辛苦！

在家是妈妈，在外是员工，好累

已婚的职场女性们，被夹杂在人类历史上最压榨人的两个组织——职场和家庭之间，竭尽全力承受着无比沉重的负担，动弹不得。在韩国，认为家务活是女人分内职责的观念遗留至今，在这种家庭文化氛围下，主妇们的义务并未因为要上班工作便减轻一分。而且，在公司里，女性要承担的业务量，也绝不会因为自己有家庭需要照顾便降低一些。社会只会对那些既能忠于家庭，又能在公司里长驱直入、平步青云的职场女性吹捧不已。众多平凡的女职员们只能被看成是无能者，在最不愿听到的"妈妈你今天又迟到了吗"

和"女人就是麻烦"两句话之间彷徨无助，最终迷失了方向。

做饭、清扫、洗衣、购物、理财等诸多家务劳动，没有一样是轻松的。这之中最难的，莫过于带孩子了。因为我们的大儿子是在我留学期间出生的，所以那时我也有模有样地帮着带过孩子（不过与其说是因为在家的时间比较多，倒不如说是因为当时不是在韩国吧）。

当时，喂孩子的时候，我的感觉就是：育儿真的不是一般的家务劳动，而是要求养育者奉献灵魂的一件事。不仅仅是因为孩子总是会不停地闯祸和哭闹，还因为培养一个小生命必须要付出呕心沥血的精诚。当我儿子还是个不会说话的婴儿时，我便会检查他的呼吸声和心跳声，试图与他的全身进行对话。当他开始蹒跚学步咿呀学语的时候，我必须与他的视线保持一致，就他关注的事物与他一唱一和。育儿的艰辛之所以不同于其他事情，是因为我们完全无法仅凭习惯去对付了事。

即便等到孩子渐渐长大，生活能够自理，情况也不会好转许多。当孩子开始上学之后，正式的教育竞争也随之开始了，由此引起的心理压力反而变得更大。全职主妇们可以围绕学校和教员构建起强劲的关系网，并时常交流信息，那其中几乎没有上班族妈妈们可以跻身跨入的缝隙。在"子女的学习成绩好坏责任完全在母亲"的氛围中，上班族妈妈们会产生"都怪我没能为孩子做到最大的努力"的自责情绪。

即便如此，渐渐长大的孩子们却未必都能体会母亲的苦心。有着26年教龄的高中教师安俊哲，把感情起伏剧烈的青春期的少年称为介于"孩子"和"狂人"之间的人。当初那个只要吃到美味便开怀不已、天使般的宝宝，如今只存在于相册里了。长大后的孩子总是在饭桌上一边摆弄着手机一边变换表情，当妈妈一旦试图询问成绩，便立刻一把推开椅子站起来，叫嚣着别再唠唠叨叨。

如果说新婚时是用丈夫的爱填补自己的内心，生子之后是靠孩子的欢声笑语来填补自己的内心，那么如今，竟连填补内心空缺的东西也找不到了……

好累啊，真的好累。工作量太大，肉体上的疲惫感从未得到缓解，因接踵而至的事情没有解决而产生的负罪感又常常令心灵也感到疲惫不堪。这种肉体的和心灵的疲惫是非常暴力的。

我们既是被害者，又是害人者

有一回我问一位已婚的职场女性，是在什么时候感觉到了个人的整体性面临危机，她这样回答我：

"整体性？我连一天24小时要怎么过都不知道，谈论整体性对我来说更是奢侈。您知道我的愿望是什么吗？就是困的时候可以倒头就睡，睡到自然醒。哪怕只有一天也好！"

到了这种程度，就不能再把问题归结为女性的责任心了。我们总是认为，要解决这个问题，只要从政者提高保育费就可以了，其实，人们并没有完全理解这个问题的本质。

首先，文化需要改变。家务事由主妇一人承担的观念、认为超过工作时间的加班加点是正常现象的职场文化、孩子的成绩好坏责任全在母亲的错误社会观念、孩子必须接受课外辅导的教育文化等等，如果这些错误的文化和认识不做改变，已婚的职场女性们的压力就无法在根本上得到缓解。我们要做的努力还有很多，改变保育和学校环境，坚持和公开舆论监督，致力于教育制度的改善等等。

政府和自治团体的政策也应当有所改变。制度很重要，实施得当的制度能够改变人们的行为，中国的文化就因此得到了改变。在诸多值得探讨的制度中，我认为最有必要的，就是遵守法定劳动时间。这并不意味着单纯地缩短时间，各机关应当创造制度令职员们在规定的时间里更高效地工作，到了时间便可以轻松下班。

但是这些改变并不是立即就能实现的，当只想着如何在下届选举中当选的当政者和热衷于不切实际地纸上谈兵的官僚们一天天拖延的时候，已婚的上班族女性们却仍然在饱受痛苦。当然，就像前面所说的那样，我们需要积极地收集和传达我们的要求和建议，然而在社会发生转变之前，当务之急，就是我们从自身做起，从周围人做起，一点点转变观念。老公们不要仅仅是"帮忙"做家务，而应当担负起与妻子"共同分担"的责任心，公司的领导也应该对已婚的女职员有所照顾。

广大女性也应当对自己放宽要求，当自己面临的要求和压力很大的时候，应当学着放弃一些超出自己能力或职责之外的事情。我本人身为执教多年的教授，在家中也会直接教自己的孩子，因此在孩子的学习这方面，妻子贡献的力量就很少。至于学习，还是要靠孩子自己，就算做母亲的再加以训斥，再为之焦急，也有解决不了的地方。应该抛掉逼自己做一个完美妈妈、完美职员的强迫观念。

韩炳哲教授曾在《疲劳社会》一书中感叹道，当今社会是一个自己榨取自己的社会。我们自己既是被害者，同时又是残忍的害人者。这虽然可以说是当今社会的特殊病症，但是对于奔波于家庭和工作之间，两者都要兼顾，而且两者必须都要做好的已婚女性来说，这种痛苦必然是更甚的。

大韩民国的职场妈妈们，先给自己的心减负吧，把你的疲惫告诉你最亲的爱人和孩子吧。就像父母会听取孩子的困难一样，大人的诉苦也是理所当然的。为人父母者倾诉自己的辛苦与疲惫，对于将会长成大人的孩子们来说，既是一种对生活的学习，也是理解父母的一个阶梯。

对于结束了一天忙碌工作的已婚女性来说，这条乘公车回家的拥堵下班路，也是朝着堆积如山的家务活出发的"另一条上班路"。如此反复，她们就像笼子里不停奔跑的小仓鼠，等待人们去解救。

做自己的时候，最幸福

通过一个人的兴趣，

可以发现一个人的真正面貌。

——瑞恩·雷诺兹

"教授，您在周末或者闲暇的时候，一般都做什么呢？"

初次见面的人常会问我这样的问题，我常常自然而然地回答：

"写文章。"

对方往往会露出略微惊讶的表情，然后紧接着问道：

"除了写文章以外，您没有什么兴趣爱好吗？"

我毫不犹豫地答道：

"最近没什么兴趣。很可怜吧？"

人做自己的时候最幸福

我读大学的时候，非常喜欢音乐，还曾经在女大门前的旧式茶楼里做过DJ。像贝多芬的交响曲之类的曲子，不仅是曲名，连指挥者和演奏者都了如指掌，令很多朋友都惊讶不已。受喜欢音响的父亲影响，我对于唱片机也有很大的兴趣，无奈囊中羞涩，又颇惧内，所以对于喜欢的东西，只能垂涎远望罢了。楼上、楼下、老板娘，可谓是音响发烧友的三大敌。在美国做研究教授的时候，我也玩过高尔夫，不过回国之后，因为费时费钱，所以就基本不玩了。

兴趣，好像已经忘记它太久了。最近唯一的休闲和娱乐活动就剩读报了。我订阅了四种日报，打开轻音乐，以很舒服的姿势躺着看报纸，对于我而言是最闲适的享受了。剩下的时间，我就用来写文章，准备讲座，进行项目，处理学校的行政事务。

虽然我的生活毫无乐趣，却并不悲惨，因为工作都很有意思。既然已经在工作中感受到了乐趣，就没必要再大费周章地寻找其他兴趣爱好了，不是么？即便如此，有时我恍然觉得自己没有什么工作是出于乐趣而做的时候，我又感到有些失落。

实际上，像我一样随着年龄的增长反而渐渐丧失了兴趣爱好的人，好像并不多见。大部分的成年人都在积极地寻找着自己的兴趣生活。萨克斯管，单反相机，登山，是中年人的"三大兴趣套餐"，大家为的是通过这些兴趣陶冶情操，记录生活，以及保持健康。

与过去的父亲们相比，新一代的父亲们更加家庭化。他们普及了野营之类的兴趣。跳伞滑翔运动以及攀岩之类的运动，即便很危险也很受欢迎。在骑着哈雷戴维森自行车的单车族里面，也常常看到不失浪漫的老年人的身影。棒球场更是男女老少都喜欢去的地方。

韩国读书研究院的戴安娜·洪院长指出：人生应该有五个朋友——运动、旅行、电影、音乐和读书，它们应该是伴人一生的五个挚友。

兴趣生活很重要，人在做自己的时候是最幸福的。因为与为了收入去做自己不擅长的事情相比，寻找使自己开心的兴趣生活，可以将自己变成最真实的自我。对于成年人来说，兴趣可以填补劳动的空虚，因为无论我们怎么生活，最终都会感到疲倦。

电视，懒人最后的乐趣

你的兴趣是什么呢？

如果这样问的话，每个人的答案可能各不相同。但是真的要调查业余生活中人们在哪方面花的时间最多的话，看电视绝对是压倒性的答案。

我们国家是电视共和国，不论是去饭馆，还是去澡堂，抑或是坐大巴，只要是有人聚集的地方，就有电视在播。甚至有人因为开车时用DBM看电视而导致交通事故。每个家庭都习惯性地开着电视，或者打扫房间，或者洗洗衣服，或者吃吃饭。独自生活的人，也因为害怕寂寞，所以常常开着电视来打消自己的孤独感，同时听一听外面的消息。

或许因为我是韩国人的原因，我觉得我们国家的电视节目特别有趣。但是，太有趣也是一个缺点，电视剧、曲艺、脱口秀、搞笑节目就不用说了，时事、新闻、纪录片也非常有趣。即便是所有的节目看起来都有些相似性，但是只要在性质上稍稍有些不同，来来回回看的话，时间不知不觉就溜走了。以前听广播很无趣，便觉得看电视非常有意思，如今则由于频道太多，时间便在不断换台的过程中不知不觉地溜走了。此外，通过电视回放也可以从头观看特定的节目。

虽然这样讲有点对不住辛苦制作电视节目的工作人员，但是，看电视真的可以说是懒人最后的兴趣。当然，对于身心俱疲的现代人来说，可能看电视是最容易最便利的爱好。但是如果你的身体不动的话，疲劳是不会解除的。如果在周末的时候只在家里呆着，下周一上班的时候，身体反而会感觉更沉重，星期一综合征也会变得更严重，不是吗？

有这样一个故事：剧场给非洲的原住民放电影，但是还没到10分钟，所有人就都跑到了外面。对于他们来说，最大的兴趣是唱歌跳舞这样蹦蹦跳跳，而不是坐在一个黑暗的地方，一动不动，傻傻地观看影像。

兴趣是从体验中产生的，关掉电视，走出家门，就会拓宽体会
"真正兴趣"的机会，积累更多让我们变得更加贤明的知识，体验
令人生充盈的各种活动，偶尔空出一点时间，让自己能够自省和休
整，只要关掉电视，我们便可以做这么多的事情。

从这个方面来讲，看电视也是一种很危险的兴趣，因为容易
接触到，又很有意思。打开电视很容易，但是想关掉电视就很困难
了。看电视是一种典型的"窃取时间"型的兴趣。卖调味酱的电视
购物广告中，会用到"米饭盗贼"这个比喻。意味着就着蟹酱吃饭
的时候，自己不知不觉就会把米饭吃光。但是，时间盗贼就没这么
有意思了，回过头一看，时间的碗早已经空空如也。这种中毒性的
闲适生活，就是用来打发时间的。

游戏，时间的小偷

而另一个和看电视一样可以称之为时间小偷的所谓爱好，就是
游戏。在如此丰饶的世界，只是躺在床上，手握遥控器来消耗时间
的话，未免太悲伤了。正如俗语中小时的偷针贼大了会变成偷金贼
那样，时间盗贼最终盗走的，会是我们的整个人生。

人类是一种埋头的动物，我们都是埋头于做某种事情的人。也
许与工作相比，兴趣是更能让人埋头沉溺的事情。我们真正觉得幸
福，或活得自我的时候，还是在玩的时候。但是最好不要将珍贵的

业余生活作为解除无聊的手段，把时间就那样白白地浪费掉，或者是将它当做是克服空虚的工具。如果那样的话，不知道从何时起，就会陷入并不是人在享受兴趣，而是兴趣在消磨人的尴尬境地。最重要的是，看自己在业余生活中是否又找到了新的乐趣，自己是否通过这些经历得到了成长。

如果去书店或唱片店，常常会看到标题为"有生之年一定要做的XXX件事"的一系列书籍或唱片。给书和光碟取这种吸引眼球的题目，以使书和唱片大卖，令人忍不住感叹制作商的精明，另一方面，又不禁感到震惊。原来在有生之年，还有那么多的兴趣和事情需要自己去体验。

冷静透彻地想一下自己的业余生活吧。看看它是真的令你感到幸福，还是只是个时间盗贼。如果确定它只是在浪费你的时间，不要左顾右盼犹豫不决，果断地戒掉那个兴趣吧。离开它，去寻找能够让你有新的体验，并真正热爱的兴趣，并从中寻找真正的自己。

好的兴趣是人生一辈子的朋友。

工资卡的价值，其实你并不知道

也曾坐在旁边的座位，

聊着各种话题，

说着一天的收获。

当初喝着烧酒谈天的两个年轻人，

如今已经为人夫，为人父了。

——高恩 《一瞬间的花朵》

你还记得我的另一本书《因为痛，所以叫青春》中曾提到的A博士吗？在题为《择业十诫——与内心的渴望同行》的一节内容中，我曾讲过他的故事。A博士虽然受到了大企业的邀请，但却一直坚守着自己的教授梦想，如今，他终于如愿以偿，成为了一名教授。在那之前，他已经历过无数次落榜，甚至心灰意冷地给自己下了最后通牒："这是最后一次尝试。"最后，他终于以优异的成绩被一所大学聘用，从2012年第一学期起，开始了自己的教授生涯。作为一位年轻帅气的新入职教授，他的人气之旺可想而知。

当得知他被录用的那天，我简直和自己当上教授时一样高兴，便在推特上发了一条消息。结果原本寂静的网页一下子变得热闹起来，大家纷纷向A博士道贺。在人的一生中，能够证明自己长期的坚持没有白费的时刻，实在屈指可数，在这一刻，之前所有的等待，都有了价值。

某天，A博士急匆匆地给我打来了电话，说不管去学校也好，去我家中也好，总之晚上一定要见我一面。因为怕他特地来找我会很麻烦，于是我告诉他，有什么事在电话里聊也可以，他却执意要同我见一面。当时我还有点担心，猜测他是不是遇到了什么问题。

当身穿笔挺西装的A博士来学校找我的时候，他那英俊潇洒的样子令人眼前一亮。看着他，我心中有种为人父母者看着孩子长大成人后的惬意。A博士把一盒包装非常精美的巧克力递到我面前：

"老师，打扰了。今天，我领了第一个月的工资……所以尽管您很忙，我还是迫不及待地就给您送来了。"

啊，原来是这样，原来今天是你第一次发工资的日子！真的很感谢你，一直惦念着我，大老远专程来看我的A博士。

这让我想起了自己第一次领工资的日子，尽管在那之前也做过各种各样的兼职，但是第一次拿到首尔大学给我的工资单时，我还是觉得它无上荣耀。

当新来的教授们在入职培训上发表各自的感想时，不少从私立大学调来的教授除了表示感谢之情，也道出了自己的担忧：

"工资比从前少了一半，所以爱人还是很担心的。"

但是轮到我发言的时候，我这样说道：

"虽然其他教授可能因为工资比以前减少而有所担忧，但是对我个人而言，这是我领到的第一笔工资，所以我真的非常开心。假设给我的工资比现在的数目还少一半，我想我也会怀着感恩之心去工作的。啊，话虽如此，但请不要真把我的工资减半。"（全体笑）

第一笔工资，让我们难以忘记。这是我们第一次在一个受雇佣的陌生空间里，以坚持工作一个月所流下的汗水，换来的报酬。这种心情，大概能比得上第一次捕食的小狮子凭自己的力量猎到食物时的惬意和畅快吧！当然，在给父母买完内衣，请朋友们饱餐一顿之后，可能用不了几天，存折上的数字又变回了负数，但存折上打印出的那一串鲜明的数字，就是一个有力证据，它能够证明我们已经成为了一个真正的大人。虽然我们以全身心的投入为代价工作了一个月，换回的钱数也并不是很多，但是对于向着巨大的梦想迈出了一步的我们来说，这数目已经非常令我们满足。

在这之前，我们一直是一个依赖于他人的纯消费者，现在，我们已经变成了一个可以凭借自己的力量生产和消费的生产者兼消费者，在领到第一笔工资的这天，我们实现了伟大的角色转变。

工资卡的价值，不过是充当了一个中转站，从用途待定的钱流向银行之前暂作停留。

直到现在，我都还保留着第一笔工资的工资单。我希望这份证明了自己的漫长等待价值所在的确凿证据，能够鞭策我一直坚持初衷。虽然如今我的工资会直接打到妻子掌管的存折里，支付明细也完全变成了在网上确认，甚至很多时候都无法再查询本月收入是多少，但是每当工作令我感到疲惫的时候，只要看到那张工资单，看到那比现在少得多的第一笔工资的金额，我就又可以觉得自己好像拥有了全世界。

每个月发工资的时候，我们都应该记起领第一笔工资的那天，在经济上给我们的人生烙下转折点的那天，我们凭借自己的收入真正变成大人的那天，我们应当借助它，重拾零散纷乱的日子和初衷。

我要赶紧给A博士打个电话，叮嘱他一定要好好保管印下了第一笔工资的存折才行。

焦虑不安，是因为你把余生看得太短暂

> 即便到了78岁，
> 也仍旧可以去爱，
> 也仍旧可以心存梦想，
> 也仍旧可以幻想能够冲上云霄！
> ——柴田丰 《秘密》

有很多人都记住了《因为痛，所以叫青春》这本书中的"人生时钟"这个概念，这里面也有很多插曲。人生时钟将人的一生看成是一天的24小时，然后把年龄换算成时间。韩国人的平均寿命在80岁左右，那么40岁就位于24小时中的12点的位置，50岁就是下午3点，60岁就是晚上6点，以后在与初次见面的人交换名片、打招呼的时候，经常能遇到不少人做自我介绍时说"我是人生时钟位于12点18分的某某某"。

我在某个地方自治团体的图书馆所举办的"对话作者"活动中，看到在图书馆的大厅前，摆放了一只圆盘形的人生时钟，从那里经过的很多人都在计算着自己的人生时间。最近还推出了很多应用软件，只要输入自己的出生年月，就可以用智能手机计算出现在的人生时间。几个报刊专栏也引用了这个概念，此外，某个投资咨询公司还推出了根据人生时间来计算退休金的设计报告。

在一本书上看到过这样一句话："我现在的年龄是40岁，用一天的时间来计算的话，还没有到正午。"那之后，就觉得"用这种形式可以制作一个人生时钟，会很有意思吧"。于是在写书时，便将这个想法写到了书中，当这种说法流行起来之后，很多人都问我"怎么会有这种想法的"。直到那时，我才找到了这句话的出处，是在韩非亚所写的书中。当时写书的时候，本来应该注上这个说法的出处，但是却没那么做，一直让我觉得很过意不去。后来，一次有机会见到韩非亚，就把这件事说给她听，她很大方地说道，她的想法能够传播到很多人的心里，并且能够给予人们希望，就已经令她很满足了。"你借用我的火种来分享给大家，我的光芒并不会减少。"这是一个世界奉献者的回答。那个时候，我明白了为什么有那么多的年轻人对她如此喜爱。借这个机会，我再次向韩非亚女士表示感谢。

"中二病"小朋友的邮件

关于人生时钟，还有另一个小插曲，一个初中二年级的学生给我发来了邮件。

您好，我是一名初中二年级的学生，今天早晨在电视里看到了教授的讲座，您说韩国人的平均寿命是80岁，那么以这个为基准，将24小时平均分开的话，就是1岁相当于18分钟，也就是说可以将50岁左右年龄段中的1岁和10岁左右年龄段中的1岁看成同样的18分钟，对于这个问题我有疑问。

10多岁的年龄段中的1年，比50岁的年龄段中的1年更珍贵，您说是吗？

读到这封邮件的时候，我不由得笑了。这个孩子很认真，他觉得自己10多岁的人所拥有的光辉一天，不能与50多岁的人的一天相比较呢。现在有个流行语，叫做"中二病"，是指"初中二年级（和处于该年龄层）的青少年泛有的某种心理状态的网络热门用语，用来指有着认为'我与别人是不同的'或'我比别人更优秀'等病态自我意识的少年"。而这个小朋友刚好读初二，真是太有意思了。

不知你读了这封信有什么感觉呢？读初二时的一天，与现在的一天相比，你认为哪一天更珍贵呢？

我问了问周围的人，每个年龄层的人的回答都是"现在"。给这个小朋友写回信的时候，没忍心把"50多岁的人的时间更珍贵"这句话说出口，而是写了下面一段话。

"不论对于谁来说，自己的时间总是最重要的，所以时间是平等的。"

我觉得在这里隐藏着时钟的秘密。人们之所以觉得人生时钟很有意思，是因为与预想的相比，能够很早地算出结果。在某个节目中，主持人让观众们写出认为自己处于人生时钟的几点，有一个24岁的大学生写的答案是下午4点，而实际上他的人生时间是上午7点12分。觉得自己的人生时间已经很晚的理由，与那个给我发邮件的初二学生的错觉是一样的，都是因为太过看重现在，或者太过看轻未来。然而我坚信，人生所有的时间段，都是同样重要的。

对于人生时钟，也有人进行过批判。如今，有多少已经超过80岁的老人还在精神矍铄地生活着，那么他们的时间又该怎么计算呢？

"那么我们就算是额外奖励呗……"

提问的老人自己回答完之后，爽朗地笑了起来，但是我却感到很愧疚。只顾着关注大韩民国的平均寿命，却没事先考虑到其他的事情。我们生活的这个时代"越活平均寿命越长"。现在的平均寿命正在向着90岁不断延长。真是有必要制定一个新指标了。

如果平均寿命达到90岁的话，那么只要改变一下人生时钟的计算方法，把分母80变成90就可以。45岁的人生时间变成了正午12点，一年则相当于16分钟。

只要活着，就还可以重新开始

不把一生比作一天，而是比作一年，换算成日期或季节，也觉得很贴切。只要将90岁缩短成12个月，也就是每7.5年相当于一个月。例如，30岁是4月1日，45岁就是6月1日。如果想计算出确切日期，那么只要把1岁换算成4天就可以了。这种计算方法与幼年——青年——壮年——老年以及春——夏——秋——冬的标记方法都很相符，和每个季节的情绪心性也很相配。例如，"宴席结束"的30岁，是4月1号。

　　四月是最残忍的一个月，

　　荒地上长着丁香，

　　把回忆和欲望掺合在一起，

　　又让春雨催促那些迟钝的根芽。

　　而冬天更使我们温暖。

　　4月，让我们很自然地想到托马斯·艾略特的著名诗篇《荒原》。4月，相当于人生的30岁，却反不如冬天令人觉得温暖，这实在很残忍。

　　我们也可以把人生比作运动比赛，首先让我想到的是足球比赛，上下半场各45分钟，一共是90分钟。所以无需计算得太复杂，很容易让人理解。将45岁作为基准，分为上下半场，在下半场中，将自己的年龄减去45岁来计算就可以了。例如，35岁的话，就是上半场第35分钟，60岁的话，则相当于下半场第15分钟。

此外也可以比作棒球。棒球一共有9个回合，所以0~4岁是第1回合初，5~9岁是第1回合末，以这种方式计算的话，就可以知道截止到现在，已经进行了多少回合，例如，34岁的话，就相当于在进行第4回合初的比赛。

不论是足球还是棒球，都有加时赛，所以也可以计算90岁以后的人的人生。根据自己所喜欢的运动，选择足球或棒球等运动来计算自己的人生，也是很有意思的一件事情。

时钟，足球，棒球，季节……

但是所有的这些，都不过是一个标尺而已。这样用各种标尺和人生进行无谓的比较，只有一个理由。我希望能够纠正像那位初二学生一样过度夸大现在，看轻未来，或把余生看得太短暂的错误行为。既然是标尺，就应该不论对于什么都能客观地进行测量，不是吗？对于用高度近视的目光看待人生的我们来说，实在需要一把严格的标尺，尤其是我们过于主观地衡量自己人生的时候。

在30多岁的读者的来信中，我常看到诸如"如果我在年轻的时候看到这本书的话，或许我的人生会有一些不同"之类的话。每当这个时候，我都会回信告诉他，醒悟总是稍稍会晚一些到来，所以，现在不论开始做什么都不晚……

不论你多大年纪，不论你有什么梦想，只要还活着，就可以重新开始。只要你懂得了这个道理，那么即便扔掉所谓的人生时钟也无妨。

梦想就像内衣，白放着，就再也穿不上了

如果我们没有想要实践某事的勇气，
生活还有什么意义？
——凡·高

已经是10年前的事了。外婆去世，举行完葬礼之后，我和妈妈一起去外婆家收拾外婆的遗物。我清理地板，妈妈整理衣橱，突然房间里传来了一阵哭声。我吓了一跳，赶忙跑到屋里，看到妈妈正在哭。母亲在葬礼上一直表现得很坚强，看到她痛哭，我吓坏了。

是什么让妈妈这么伤感？我看到妈妈手里捧着外婆的保暖内衣，衣橱的抽屉里，堆着许多套连包装都没拆开过的保暖内衣。

外婆总是穿着袖子已经磨破了的保暖衣，妈妈、姨妈、舅妈觉得太破旧，所以每次去看外婆，都会给她买新的保暖衣。然而外婆却连包装都没有打开过，把它们一件一件都放进了衣橱的抽屉里，直到她去世时，还穿着那件袖子已经破掉的保暖衣。

"给她买了这么多，可她还是舍不得穿！"我拍着妈妈的背，安慰着妈妈，可是妈妈却不断重复着这句话，在房里大哭了一场。

搬家的时候，我把书桌的每个抽屉都清理了一遍，各种杂物都被翻了出来。映入我眼帘的是别人送我的一盒圆珠笔。当时打算留着送人，或者以后再用，于是就收了起来，现在拿出来一看，里面的墨水都干掉了。早知道这样，还不如早就用了呢。突然，我联想到了外婆的内衣。

仔细想一下，想着"等以后，等以后"而积攒下来的东西，又何止是圆珠笔呢。等周末的时候，等放假以后，等研究年，等退休以后……在脑海里贴上标签之后，一点点搁置起来的计划、目标、梦想。所以才说打铁要趁热吧。

曾经一时热烈的渴望，现如今就像墨水一样干涸，在我心里没留下一点痕迹。你呢？

世上有两种后悔，一种是想做但没能去做，所以后悔，另一种是鼓起勇气做了，然而结果却不如预想的好，因为遗憾，所以后悔。哪种后悔更坏呢？当然是没有尝试的后悔了。因为那种未曾实现的遗憾会伴你一生。相反，只要尝试了，纵然结果不好，纵然觉得失望，也会不知不觉地忘掉，然后紧接着寻找新的挑战。而且，那种行动总会带着个人启发，促使自己往前走。

打开心灵的抽屉，那里封存着什么呢？当初想着"等以后，等以后"而堆积的年轻时的梦想，如今它们还在吗？是不是已经冷却了呢？

打开它吧，拂去灰尘，给它浇水灌溉，给它点上火种，让冷却的梦想重新燃烧。

还要拖到什么时候呢？行动起来吧。否则的话，那些因为犹豫和拖拉而搁浅的计划，只能伴随我们一直到死的那天，然后灰飞烟灭，就像外婆积攒的那些保暖衣一样。

打开心灵的抽屉，

那里封存着什么呢？

当初想着"等以后，等以后"而堆积的年轻时的梦想，

如今它们还在吗？

是不是已经冷却了呢？

打开它吧，

拂去灰尘，给它浇水灌溉，给它点上火种，

让冷却的梦想重新燃烧吧。

IV.

给站在人生折返点的你

所谓人生，
在远处看是喜剧，
在近处看是悲剧。
别人的人生是从远处在看，
而自己的人生是在近处看，
所以，必然地，别人的人生看起来会很幸福，
而自己的人生则很痛苦。

单身党：偶尔羡慕情侣，偶尔庆幸自由

人们总是为"会遇到什么样的配偶"而费尽心思，
但认识到"我是如何去爱人的人"，才是更重要的问题。
若一个人的爱情很丑陋，那是因为他本就是一个丑陋的人，
若一个人爱得很纠结，那是因为他本就是一个纠结的人。

——吴素姬 《爱情笨蛋》

婚姻，是人生路上最重要的岔路口之一。结不结婚、什么时候结婚、和什么人结婚，不同的选择，便会有截然不同的人生。当你为婚姻大事烦恼时，意味着你已经成为一个大人。因为虽然不是所有的成年人都会结婚，但如果你结婚了，无论你愿不愿意，都不得不做出一副大人的样子。

结婚这个问题，其实是有关价值观的问题。这取决于个人的主观选择，所以不是旁人能够指手画脚的事情。即便如此，我们每个人在结婚之前，都会想倾诉一下自己不得不为之烦忧的各种问题。虽然我在这儿陈述的，也只是我个人的主观想法。

结不结婚，都会后悔

结婚是件令人进退两难的事情，就连苏格拉底也说："无论结不结婚，你都会后悔。"

法院的停车场，周末的时候，因为到礼堂参加婚礼的客人繁多而拥挤不堪，工作日的时候，又因为来办离婚手续的人太多而车满为患。青年男女们喜爱的电视剧永远在讲述男女主角步入婚姻殿堂前的甜美历程，而大妈大叔们则对以婚外情为主题的电视剧钟爱有加。

不知是否真如蒙田所说，"婚姻好比金漆的鸟笼，笼外的鸟拼命想冲进去，笼内的鸟拼命想飞出来"。

如今，结婚已经从一件"当然要做的事情"，变成了一个"可以考虑的选择"，当下年轻女性们的观念，正在迅速发生转变。以前女学生们问我的问题都是"我应该和什么样的男人结婚"，现在我被问到更多的问题是"我一定要结婚吗"。

说实话，这个问题让我很难回答，正如前面所说，结婚是个人的选择，不是旁人可以指手画脚的事情。所以每当这时，我都喜欢借用作曲家勃拉姆斯的名言来回答：

"自由，然而，孤独。"

勃拉姆斯一生未婚，虽然自由，但却孤独，这句话正是他对独身生活的感触。我也引用他这句话来回答："不结婚的话，生活会非常自由，同时也会非常孤独。是享受自由，还是拥抱孤独，自己做选择吧！"

让我把这里说的自由和孤独的含义解释得更明确一点。婚姻是非常严峻的现实，所以这里提到的自由和孤独，和青年人心中的浪漫概念，是相去甚远的。

其实对于个人来说，婚姻有它残忍的一面。为什么说它残忍呢？阿兰·德波顿的小说《爱情的基础》中有这样一幕：

我发誓。我在这里发下只可能令你一人失望的誓言。我发誓，你将是我后悔的唯一对象。我发誓，如果当初没有你，我会变成一生流连于无数爱人之中追悔莫及的人。一直以来，我都在探寻我自己可以选择的种种不幸，最终我选择的，那个我甘愿为之献出生命的人，正是你。

新婚夫妇在婚礼上向对方承诺的誓约，应该是这样宽宏谦逊而毫不浪漫的誓言。

只有对充满幻想和期待的对象，才有可能感到"后悔"和"失望"。结婚之后，将不允许你对别的异性怀有与爱情有关的各种期待和幻想。你对其他异性的爱恋已被判处无期徒刑，并打进了内心深处的大牢里。

不仅爱恋的感情如此，结婚后，生活、时间和财产，以及其他所有的东西，都必须和配偶共享。如果结婚以后还想享受未婚时的自由，就会被刻上"道德败坏""不负责任"的红字。婚姻掠走的自由，几乎是一个人全部的东西。

孤独也同样残忍。单身者的孤独，不是某天凉风钻进衣领时，忽然感觉到的那种优雅的孤独。而是这个艰难的偌大世界里，只剩下自己孤身一人时，感受到的那种渗透到骨子里的孤独。害怕节日或生日一个人都不会来看自己，害怕年老患病时没有一个人照顾自己，只能独自躺在床上慢慢死去，伴随着这些恐惧的，是绝对的孤独。

结婚与否，归根结底就是一个选择，是选择宁肯忍受着凄凉的孤独，也要享受自由，还是选择以自由做代价，寻得一点安抚去面对孤独。由于每个人的不同以及时代的不同，自由和孤独的重量也有所不同。现在独身主义者增多，也许是因为对抗孤独的社会资源和交流途径变多了吧。

总而言之，我的观点是，每个人应该在自己的条件下，用心中那杆秤衡量一下自由和孤独的重量，然后再做出自己对婚姻的抉择。有人说过这样一句令人感伤的话：

"婚姻生活中会有苦痛，但是单身生活中也并不全是快乐。"

只是现在还没有勇气结婚

虽说单身者越来越多，但其实在我认识的人当中，几乎没有顽固的独身主义者。尽管他们单身至今，但很多人都表示"如果遇到合适的人，当然会结婚了"或"只是现在还没有勇气结婚"。

所以，关于结婚这件事，相比"结还是不结"这个选择而言，更重要的是下定决心"什么时候结"。实际上，较之"出现了合适的人便决定结婚"，更多的情况是"决定结婚的时候，就和遇到的合适人选结婚"。我们并不是和自己最爱的人结婚，而是和自己在可以结婚的时候最爱的人结婚。

现在很多年轻人都倾向于尽可能地把婚姻大事延后。当然，这在很大程度上，是因为近几年来，青年人失业的现象严重，经济状况恶劣，很多人不得不把婚姻大事推后，这是国家层面的问题。让深爱着对方的年轻情侣们不得不推迟婚事的社会，是绝对没有希望的。但是在这里，我只想就自愿把婚姻大事延后的情形，谈谈自己的看法。

现在的年轻人，结婚大都很晚。通常情况下，如果自己的想法还不够坚决，他们便会把婚事推后。非要解释原因的话，只能说，随着时代精神朝着更看重个人价值的方向转变，"宁肯孤独，也要自由"的年轻人变多了，他们想尽可能久地享受单身时的自由。倒不一定是不打算结婚，只是不想让自己天天处于结婚的束缚之中焦躁不安而已。这样的打算虽然不算有错，但是需要考虑到一个问题：想要现在享受单身的自由，则必然要以将来壮年时的自由为代价。

在我的朋友中，有一位结婚特别早。当时大家都还普遍认为男人应该在30岁左右，女人应在25岁左右结婚。但是这位朋友和与他同岁的女友，两人25岁大学一毕业时就立马结婚了，而且很快就连着生了两个儿子。

当时我们之中大部分人都还是单身汉，大家不仅不羡慕那朋友，反而还有些同情他。当我们吃吃喝喝玩到很晚的时候，他却得早早回家看孩子，他连周末去棒球场都很难得，更别说假期跟朋友们一起去旅行了。我们就跟他开玩笑说："谁叫你这么早就放弃了人生？"

如今，年将半百的我们，最羡慕的就是那位朋友了。当所有的人都为了孩子们的教育问题愁眉苦脸的时候，他们却已经把两个儿子都送进了大学，夫妇二人则悠然自得地到处去旅行。

现在，轮到那位朋友戏弄我们了，问我们是不是还在哄孩子。朋友说，自从去世界各地到处旅行，他们的人生好像进入了新的境界。再看看我自己，因为整天操心孩子们的学习问题，都已经好几年没去过海水浴场了，而且想要舒心地去，起码还要再过4年。

说起朋友的故事，倒不是为了鼓励大家尽早结婚，然后老了安享黄昏人生。只是想提醒大家，在规划人生的时候不要只考虑眼前的事情，应该用长远的眼光考虑全局。回望过去，才能知道自己年轻时目光是多么短浅。人们往往都会过高地评价自己所处的年龄段的价值，最后会发现，当时的自己，没有把浪漫的单身时期和优雅的暮年均衡掌控的长远目光。

有很多的单身青年，男性总以经济方面和社会方面的准备尚不充分为理由，女性则以没有自信把繁重的工作和养孩子等家庭生活均衡处理为理由，拖延结婚的时间。但是作为过来人，我想给这些朋友一个忠告，那就是，你永远不会有确信自己准备足够充分的那天。

公司里堆了一堆工作要干，偏偏这时候朋友们约了一起去旅行，让我感到很为难。本来不想去，而且直到出发前还一再推脱，最后在朋友"不跟我们一块去的话你就死定了"的要挟下，还是去了。当车子开动，透过车窗看着外面流动的风景时，我才觉得"还真是出来对了"。结婚好像也是这样，虽然没有充分的准备和自信，但是等到一起出发之后，你就会庆幸"这样做就对了"。

我想起了我奶奶看到别人犹豫着要不要结婚时就会说起的一句话："没有哪个女人是先学会生孩子才嫁人的。"只要你下定了决心，那就行动吧。

毕竟长得挺好看，就忍了吧

其实，抛开自由、孤独之类的了不起的话题不谈，很多人之所以迟迟不结婚，最重要的原因就是：认定"就是他"的那个人至今还未出现，或者即使有交往的对象，但自己也还不确定"真的要和这个人结婚吗"。所以，选择要不要结婚、什么时候结婚，都不是孤立的问题，而可以看成是"和谁结婚"这个问题衍生的结果。

所以，在和婚姻有关的问题中，最重要的莫过于"和什么样的人结婚"这一点。面对诸多选择，最重要的是确定选择的标准。无论多么慎重和费心，如果依据不正确的标准来选择，结果也必然不会好。那么，在婚姻中，最重要的标准是什么呢？

我们在挑选对象的时候需要考虑的因素实在是太多了。年龄、健康、身高、外貌、财产、地位、职业、前景、性格等等，而且不仅是挑对象，连这人的家庭和家族都会一一考虑在内，对方父母是否在世、性情如何、和兄弟姐妹的关系，甚至是家庭地位和老家地址……在如此多种多样的标准中，人们提到最多的，大概是下面这三样：

外貌，金钱，品性。

外貌是男士们尤为重视的一条标准，虽然最近女性们也非常重视男士的外貌，但是却只有男性被指责！就像那句"光看长相挑媳妇，就像光看墙壁颜色买房子一样"的话，无论已婚的前辈们再怎么谆谆告诫单身汉们"容貌不重要"，他们也绝不会听进去。尽管我自己也是男人，但我不得不承认，男人都喜欢漂亮的女人。

最近令我很感兴趣的《进化心理学》中讲道，我们之所以容易被异性的外貌所魅惑，是为了寻找具有优秀基因的配偶，这是进化的产物。但我们不是热带草原上的猴子，有了孩子以后，我们还要和配偶共同生活数十年。就算进化心理学的"本能"是对的，配偶的外貌也绝不会为幸福的婚姻生活带来哪怕一丁点的帮助。本来想离婚，但是因为"毕竟长得挺好看，就忍着吧"而放弃离婚的人，你见过吗？我认为，在选择对象的时候，无论你对外貌的要求标准是潜在的还是明确的，受这点的影响越小，做出的决定也就越明智。

挑选对象时，也不能不在意对方的收入和财产。金钱是在社会上生存下去的必要条件，自古就有"贫穷开门闯进来，幸福跳窗逃出去"的俗语。最近，关于幸福的实证研究也一下子多了起来，很多学者都把经济能力列为幸福的重要条件之一，但是当财力超过了一定限度的话，就无法再提升幸福感了。我们结婚的目的，不是为了摆脱贫困，而是为了收获幸福，所以只看中财产的婚姻注定是危险的。

以"富"为重要动机的婚姻，最后没能有好结局，这样的事例在现实生活中也屡见不鲜。再多的财产，往往都是新娘或者新郎父母积累的财富，而不是靠新娘或者新郎自己的能力取得的。而所谓的"富二代"往往被娇生惯养，很多连婚姻生活的基本要求都很难做到。据相关婚姻信息公司的统计数据显示，优先考虑金钱地位、家庭背景、年龄属相、容貌外表等条件的夫妻的离婚率很高。因为如果只考虑条件的话，谁都不愿做亏本的买卖，结果最后双方都觉得自己吃亏了。这就是以财力为先决条件出发的婚姻之所以会冷冰冰的理由。

那么，究竟什么才是真正重要的？品性。我认为这一点比其他所有的条件都重要。就算爱情冷却，美貌不再，财产散尽，最基本的品性却不会轻易改变。如果我儿子找对象，我只给他一个忠告，那就是一定要看清对方的品性。

为了幸福的婚姻生活，在人的品性之中，什么品性是最必要的？当然，朴实、真诚、专一、正直、亲切、幽默感、温和、前瞻性、执行力……数不胜数。人类所应具有的美德都是重要的。但是，这样的人，估计很难找到，现实生活中，择偶的时候，往往我们只能侧重其中的某一点，这时，什么是我们应优先考虑的呢？

因为每个人的价值观不同，重视的东西也不同，所以这个问题很难用一个统一答案来回答。但是我想可以这样来界定：选择你父母拥有的品性中，你认为最好的"那一点"。

我们刚开始步入婚姻生活的时候，总是会拿对方和自己的父母做比较，这也是对配偶最先感到失望的时候。女性开始唠叨"我爸就从来不这样……"，男性则开始嘟哝"你就不能像我妈那样吗"。

这是因为我们观察了二三十年父母亲所扮演的角色，自己自觉不自觉地就会学习和模仿。因此我想，具有父母亲所有的好品性的人，最能降低你失望的可能性。

父母长辈所说的丈夫必须要诚实、有强烈的责任感，妻子必须宽容慈爱之类的话，没有必要将它奉为圣经。对待这个问题，应当和其他所有的问题一样，首先自己去把握。每个人都会有可以宽容的地方，也会有无法容忍的原则，应当自己慢慢去了解，然后寻找一个彼此可以和谐适应的对象。只要两人能够相互保持"心理上的马其诺防线"，共享生活的价值观，你的家庭生活，就会更柔和温暖。

向哪个姑娘射出你的子弹

"一发子弹法则。"

听一位在司法研修院的后辈说，在他们院里，有这样一条法则。研修院的女性较多，随着接触的时间增加，院里的情侣也一对对多了起来。但是这是一个很小的群体，所以同级生中只能和一个人恋爱，只能谈一次恋爱，和这人分手之后，就几乎很难再和同级的其他人交往了。所以研修院的单身男女们从一进院就好比每人被配发了一枚爱情的子弹，如果这子弹没有打中的话，就只能去研修院外部找对象了。所以，每个人都会很慎重地射出那一颗子弹，因为一旦射出去的话就必须在一起，传闻会伴你一辈子。

不仅司法研修院这样，很多公司情侣也应该很有共鸣。我们这个社会的底盘比想象中的要小。如果在一个组织内部到处放"子弹"的话，多半会被当成风流鬼。尽管如此，如果一直紧紧地攥着那颗配发的子弹，直到它生锈，这也是很郁闷的事情。

什么时候，在哪儿，向谁，射出这一发子弹呢？

有的人因为害怕结婚，所以把婚期拖后，拖后，再拖后，斟酌，斟酌，再斟酌。还有的人像逛街一样，挑选条件好的配偶，然后像打折促销似的结婚，好像对他们来说，找一个条件稍微好一点的对象，办一场让所有亲戚朋友都羡慕的华丽婚礼，就能够变得幸福。

但是幸福的婚姻生活并不是靠聪明的选择、华丽的仪式、夸耀的条件为保障的。婚姻，是经营自己和配偶的人生，一点点积累责任心和包容心的过程，是一段慢慢成长的旅程，其间任快乐和挫折的钟摆来来回回，一点点慢慢扩大幸福的面积。

所以，对于站在结婚这道门槛前的你，从漫长的踌躇中拿出你的气势吧。掏出你的那颗子弹，上膛瞄准，然后射向属于你的目标吧！感觉来了，就不要再犹豫！

高富帅也有痛苦，只是你没看到

> 人生是一次单程旅行（一次性交易）。
>
> 高兴、伤心、开心、痛苦……
>
> 被打包成一个包袱来进行买卖，却不能把它们分开来单独生活。
>
> ——金熙根（碧山工程会长）

"我的人生就是一个非主流人生，父亲说我是外国来宾，说我的人生就像罐头一样，说得我有时候都想去死，但是那个念头过后，我又觉得人生不仅仅是那样。"

上面的那句话，是我引用的在某个报刊上登载的采访内容，你觉得会是什么样的人说的这话呢？

那是前国会议员高承德说的。

读到上面的话时，我被深深地震惊了，因为我觉得像前议员高承德那样的人，不可能说出这样的话。他在首尔大学读法学系的时候，就通过了司法考试、行政考试和外务考试，并且以全A的成绩在哈佛大学和耶鲁大学毕业，之后他又在哥伦比亚大学获得博士学位，然后回国成为了股市投资专家和播音员，之后又成为了国会议员，现在是一名律师。

虽然我和他没有见过面，但是，他的名字对于我来说却很特别。

大学毕业之后，我一直游手好闲地生活着，虽然行政考试及格了，但是后来又落榜了。当时的女朋友小心翼翼地来问我："第一轮就被淘汰了？"我在听到这些话之后，有无限的愧疚感。在和那个女朋友分手后的第二年，我又挑战了一次，但还是在第一轮就被淘汰了，我已经很努力了。而高承德前辈，司法考试、行政考试和外务考试都是在大学期间全部通过的，他真是独一无二的"学霸"，在当时，"他就是一个传说"。

读过这个访问后，有些人可能会评价他过于谦虚，也或许有人说他太骄傲自满。可是，我想到的却是，如果他那样优秀的人都有一瞬间想要死的话，那像我这样一事无成、渺小至极的人，该怎样生活呢？但是我又没有任何根据断言前议员高承德夸张了自己的苦痛，毕竟每个人都有自己不为人知的一面。

所谓人生，就是自己独自在生活，在简历上的各项经历中，那中间其实有很多用括号括起来的苦痛和挫折，那些苦痛和挫折是没人了解的。

作为率先引领韩国企业走向全球的领军人物，回到韩国后担任过三星电子和三星SDI社长，后又成为三星芯片CEO的崔志熏社长，在一个演讲中曾经这样说道：

"只看简历的话，看上去的确很华丽，但是走到这个位置，我却经历了无数的苦难和绝望。"

我非常喜欢阅读访谈新闻，因为从中可以读出那个人在括号中所体现出的东西。那些看起来毕生都像太阳一样闪亮的人，当走近他们，了解到他们也像我一样，曾经经历过不为人知的黑暗曲折的时候，我就好像在异国他乡遇到故人一样高兴。

被誉为"工薪阶层的化身""迈达斯的手""赚钱的魔术师"等华丽称号的FILA公司（韩国地区）的会长尹润修，也是从一个月薪族起家的，后来他自己单干，成功合并了足足占有60%市场份额的高尔夫用品品牌，可是，就连他那样成功的人，也谈论着自己的痛苦。

"小的时候，我受了很多苦，母亲在生下我还不到100天的时候，就因为传染病去世。父亲是京畿道化城郡凤飞面（地名）的一个穷苦农民，在我上高二的时候，父亲又因为肺癌去世了。父亲去世前哀切地对我说：'没有妈的可怜孩子，我至少要看到你成婚才行啊，快救救我！'父亲当时受病痛折磨的情形，在我心里留下了很深的烙印。为了做一名医生，我报考了首尔大学的医科，前后落榜了三次，最后一次终于合格了，但是，当时我又觉得自己的性格不适合学医，于是放弃了医学，进入了韩国外国语大学，30岁时才毕业。"

我们对于彼此来讲，都是月亮一样的存在，总是持续展现我们同样的半球，也就是有光亮的那一面，所以我们看不到对方阴暗的那一面，自己的阴霾，只有自己才知道。然而我却产生了错觉，以为只有自己才有"阴暗的另一面"，一直自怨自艾"为何那些人那样优秀，而我却活得这么辛苦"。

查理·卓别林曾经说过："所谓人生，在远处看是喜剧，在近处看是悲剧。"别人的人生是从远处在看，而自己的人生是在近处看，所以，必然地，别人的人生看起来会很幸福，而自己的人生则很痛苦。我不想过分地羡慕或者是怜悯任何人，我也不希望别人很羡慕或者怜悯我。因为，他并没有看到完整的我，我也没有看到完整的他。

《因为痛，所以叫青春》这本书出版后，见到我的中年人会对我说："中年也很痛苦，也为痛苦的中年人写一本书吧。"妻子的朋友们会对我说："家庭主妇是最痛苦的，也为痛苦的家庭主妇写一本书吧。"那么，在这个国家，到底有谁是不痛苦的呢？

是的，对于所有人来讲，人生本来就是痛苦的。

你是不是也觉得"为什么只有我这么痛苦呢"？不要忘记，这个国家所有的人都是那么认为的。说起来你或许不信，但的确是这样。每个人都是在艳羡地看着旁人的同时，认为自己过得很痛苦。

加油吧！

为什么韩国女生爱化妆？不要活在别人眼光里

我看不到自己，只看到别人；

我看不到自己的内心，只看到自己的表面。

因为要回避别人看没有眼睛的自己，

所以我经常把自己锁在内心里。

——柳安镇《我是我自己的监狱》

我留学时和担任研究教授的时候，都曾在美国生活过，两次都是和妻子一起去的，这两段时期，我有一个共同的记忆，那就是妻子在外出时穿的衣服，与美国人一直都是不同的。

在美国，人们在宽松的裙子外随意套一件T恤，就可以从容地去超市，或者送孩子去学习了，如果没有特别事情的话，她们也不怎么化妆。但是在韩国，哪怕是去家门口的便利店，也要很正式地梳妆打扮一番。

我妻子好像还不是很严重。有一次在小区里，偶然遇到了在做研究教授时认识的一对留学生夫妇，看到他妻子时我简直吃了一惊。只不过是条散步的小路，她穿的却不是休闲的运动服，而是特别板正的正装，以至于最初我还以为那个留学生又娶了一个新太太。

前几天，家中的老二问为了去学校而正在脸上努力涂抹面霜的妻子：

"为什么美国的孩子上学的时候都不化妆，而韩国孩子却都那么努力地化妆呢？"

妻子很简洁地予以了回答：

"因为这里有很多人在看着你呀。"

太有意思了，难道美国人的眼睛不是用来看人的，只有韩国人的眼睛才是用来看人的吗？倒不是责备妻子，想一想，我自己也是那样。在美国时对儿子的样子完全觉得无所谓，在韩国却在不断地唠叨。

"你的头发是什么样子呀？太丢人了！"

看起来在指责别人的时候，都得加上一句意识到别人目光的话。

"你就取得了这个成绩？真让人脸红啊。"

"快别那样穿衣服了，简直让人耻笑。"

"还是买名牌就对了，别人看你的眼神都不一样了。"

爬我家附近的牛眠山时，会发现所有人的穿着都很华丽。最近的户外服装贵得都吓人，设计独特是一个原因，另一方面，也是因为使用了尖端的材质。明明是去爬个东山，可是所有人的装束都像是要去攀登喜马拉雅山。5月份去爬小区后山，因为害怕被打劫，就没穿那副装扮。其实那都是因为在意"别人的眼睛"，因为谁都不想太窘迫。

真正注意自己的不是别人

确实，我们国家的人对于"别人的目光"很敏感。在国外时，我们也不会太在意旁人，但是只要一回到韩国，就立马变得敏感起来。总觉得自己就像是聚光灯下的演员一样，观众都在关注自己的一举一动，这种现象被称为照明效应。

关于这种照明效应，曾展开过一种心理实验。让那些实验对象穿上对于在年轻人看来很丢脸的衬衣，然后问他，在他所见到的那些同学和同事中，大概有多少人记得他穿了什么样的T恤，虽然实验对象本人认为，大概有48%，也就是将近一半的人记得自己的衣服，然而再去问他的那些同学，真正记得他穿什么衣服的人还不到8%。

这个实验的意图非常明显，借用首尔大学心理学者崔仁哲教授的话来说，"虽然我们本人会觉得别人会注意到自己，但是真正注意自己的不是别人，而是我们自身"。

别人并没有你想的那样关注你，然而我们却经常自己想象别人的目光，然后配合这种设想的目光，自己焦躁地活着。如果我们能从"别人的视线"中解脱出来哪怕一点点，很多东西就会变得不同。

相比我国的收入水平，我国国民的幸福感很低。虽然这其中有很多原因，不过，不把幸福的标准定在自己身上，而是以别人的目光为尺度，会不会是原因之一呢。

最重要的，莫过于"自己的哲学"。事实上，随着年龄的增长，关于生活的价值，就会变得越来越难评说。在成长和成功都很重要的年轻时代，因为存在着很确定的目标，所以只要按照目标，赋予生活意义就可以了。但是在这个目标已经达成，或者是越来越远，又或者是变得模糊不清以后，对于"人为什么活着"这个问题的答案，却又变得很匮乏。所以不要总是介意别人会怎么想，或者别人会怎么评价自己，那样只会使自己的神经紧绷。像大韩民国这样不停地比较和被比较的社会，只活在别人的眼光中，就好比走在麦比乌斯怪圈中的医院，不过是在重复毫无意义的夸耀罢了。

成年人的过程，就是不断形成自己的过程

成为成年人的过程，就是在不断形成自己坚定的人生观和价值

体系的过程。

最近读到精神科专家郑慧善博士和心理策划者李明秀"思想棱镜"代表的访谈报道，当郑慧善教授表示自己并不觉得最近被人们追捧的所谓男性魅力所在的腹肌有什么特别的时候，一下子就引发了话题。这到底是为什么？

"最近人们都在谈论腹肌，当我看到体形完美或者肌肉发达的男性时，完全不觉得他们很性感，反而会因为他们在保持体形上花了太多时间而感到心寒。不过我很喜欢在聊天时相互分享彼此的看法。我比较喜欢爱发脾气的男性，人们在自己的界限被侵犯的时候，通常会本能地表现出自己的情绪反应。谁受到侵犯时都应当愤怒，但并不是所有人都会表现出来。并不是说每天都无缘无故发脾气，而是有时会发得起火来，说明这个人对自己的界限认识很分明，我认为那样的人很性感。"

如果说腹肌是别人视线中的价值所在，那么认识到自己的界限，就是出于自己的人生观和价值体系。对于成年人来说，与塑造自己的腹肌相比，更迫切更重要的是应当明确了解和认识自己的界限，不是吗？用自己的人生观和价值体系来建筑坚实世界的人，与任何人相比，都是性感并且堂堂正正的。

征服世界的拿破仑曾经说过："我真正幸福的时光，还不到一周。"而身患三重残疾的海伦·凯勒却说："对于我而言，没有一天是不幸福的。"

我们不能够随便评价别人的幸福和价值观。不在意他人的评价，不奢求他人的同情，只注重自己主观而生的满足和感激，它才会和幸福感一直延续下去。

有没有我们对自己很满意，但却在连"第三者"是谁都不知道的前提下，为了迎合其视线而不断摇摆的时候呢？你现在不断膨胀的不满，是不是因为你过分地在意某个人呢？

当然，不满足于现状，使自己不断奋发，对于自己的成长是非常重要的品德。还有这样一种理论：我们所谓的自我概念，是由别人的视线和认同构成的像镜子一样的东西。但是，为了坚信自己的生活方式，也为了让自己变得更幸福，我们应该从别人的视线中解脱出来。尤其是在我们这个国家。

那些因为在意别人的目光而被我们耗费的时间和金钱，本该只用在为了使自己活得幸福的地方。

让我来问你。

今天的你，是自己幸福的主人，还是别人视线的奴隶呢？

你的哲学是什么？你自己是否又有足够的勇气去贯彻它呢？

去见"不得不见"的人

世上没有陌生人，
只有尚未结识的朋友。
——爱尔兰俗语

　　"呀，见到你真是太好了！隔了这么多年，大家能够再聚到一起，实在是太好了，以后咱们经常聚会吧。"

　　这是毕业之后，大学社团的朋友们首次重聚。因为社团2000年左右的时候就解散了，所以以前从没有过正式的聚会，当初担任副会长的朋友经过千方百计的努力，终于把上下3年级的前后辈们都聚在了一起。转眼25年的岁月过去了，大家依然是旧时的神态，旧时的语气，好神奇，好像老去的只有容貌。大家彼此喊着以前的外号，聊天逗乐好不热闹。散场前，我们说好以后每隔2到3个月就定期重聚一次。然而3个月之后，我收到了这样的短信：

　　"原定于5月举行的聚会取消。"

　　当时我们甚至把下次聚会的日子都定好了，就在5月19日这天。结果等到再次想聚会时，由于参加的人太少，只好推到以后再聚。我倒无话可说，因为那天我恰好有别的事情，所以本来也没打算参加，但是为了参加那天的聚会特意把时间腾出来的朋友们，这下多郁闷。变成大人就是这个样子，想去的聚会去不了，不想去的聚会却不去不行。

高中时一起办校刊的朋友们直到现在都保持着联系，我们一年就组织一次聚会，每年的1月末必聚一次，这个聚会是我参加的联谊聚会中到座率最高的一个。因为一年只聚一次，所以大家都不愿错过，总是准时参加，以便了解下彼此的近况。到了我们这个年纪，好像一年聚一次，是最大的界限了。现如今，如果没有任何目的，一年能够定期见一次面的话，就是很好的朋友了，想来真叫人伤感。

人际关系——第一个社会难题

当我们投入到社会生活中，首先面临的一个难题就是人际关系。上学的时候，只要跟合得来的人相处就行，但到了社会上，却不再是这样了。我们需要背负着上司、同事、甲、乙的名义，去见"不得不见"的人。然而想和别人成为朋友，实在不是一件易事。

当然，在公司里遇到的人大都很亲切，新进入的组织中，大部分人也都会对你很好，但烦恼却也由此产生。应该相信谁？应该和谁亲近？上学的时候，如果前辈或朋友表现出善意，我们只要接受就好了。但是到了职场中，就不得不揣摩一下，是不是其中有什么意图，因为组织内部的帮派有可能是想把你变成"自己人"，如果对方是异性的话，弄不好这"好意"背后还有别的深意。

尽管如此，我却不想告诫你"刚开始的时候谁都不要相信"。直到现在，我依然坚信，单纯地对待别人，那好意自会体现其价值。当然，偶尔也可能要付出点代价。但是，正因为有着傻瓜般的善意的自己，工作环境才会变得更友好一点。当世人都在因"没有一个人值得信任"而冷笑的时候，只要自己不去附和"世道就是这样"，就可以了。当自己以善意对待他人时，代表了在自己工作的环境中，至少还有一个"值得信任"的人存在。而且，这种善意是会慢慢传染的。

尽管如此，如果一定要让我对处理社会人际关系提一条忠告的话，那就是：

不要以别人"说的话"为依据做判断，而首先要弄清楚对方"想要的"是什么。在对公关系中，人们的发言或行动，往往是为了达成自己的意愿，所以比起言行来，更本质的是意图。在公司等公共组织中，如果能够尽快弄清楚别人"想要什么"，就会很容易地理解其为何有此言行，从而也就能更从容地应对各种人际关系。

　　工作繁忙的话，大不了熬夜加班就可以，然而在人际关系中，却找不到固定答案。如果一个人在"对人太单纯的话，是不是太傻了"的担心和"我看待周围的眼光是不是太冷漠刻薄了"的自责中穿插摇摆，久了就会觉得很累，会无比想念旧时惬意相处的老朋友。

　　人们总说，少年时的朋友才是真正的朋友，因为这样的相处没有任何的目的性，是非常单纯的关系。但无论这种关系有多纯粹，如果现在已经不能经常见面、时常分享这种纯粹的感情，那么除了一刹那的深情眷恋之外，就没有什么能够期待的了。相反，如果以前的朋友久别重逢的话，因为心中有像旧时一样亲近的意向，说不定会适得其反，令感情消退。在久别的悠长岁月里，各自的境况已经发生了很大的变化，之后越见面，就越容易因彼此深刻的背离而感到痛苦。

谁说从前认识的人才是真正的好朋友

　　现在，随着网络的发展，一个人的网络人脉也开始广泛起来，网站、博客、个人空间等以网络为平台汇集的群体，让我们的生活日益精彩。就算自己被丢在世界任何一个角落也不会觉得恐慌，只要在网上问一句"巴塞罗那哪里有好吃的韩餐店"，很多网友就会发来各种热心的建议和回复。然而在异国他乡，虽然愿意为你推荐美食店的网友有几千名，但愿意彻夜听你倾诉苦闷的朋友却寥寥无几。更矛盾的是，刷推特的时候，总是会感到非常"孤单"，以致最后都搞不清自己究竟是因为孤单所以才刷推特，还是因为刷推特反而变得更孤独。也许因为不能面对面，所以感觉一切都遥不可及，有时也会让人疲惫。

成年之后，也会结识很多新人，会加入各种爱好协会，也会去参加同行业内部的联谊。结婚之后会认识爱人的朋友，甚至和爱人朋友的爱人结为朋友。有了孩子之后，会自然而然地接触到孩子所在的学校、补习班、团体等的其他同学的父母。当然，尽管因为工作或其他事宜认识的人，刚开始只是交换名片的点头之交，但是这些人中，肯定会有一些有着令你希望与之亲近和深交的魅力。现如今，让我觉得打从心里亲近的人，并不是遥远的记忆中的旧时好友，而是成年之后认识的新人，而且我和他们的亲近并不亚于儿时好友。

其实没有必要在心中设定界限，固执地认定从前认识的就是真正的好朋友，而步入社会后认识的人就只是有业务往来的熟人。无论你们多晚才认识，只要能够经常相见，坦诚相对，不管什么时候都能够交到真正的朋友。就算学生时代的至交，深入接触的时间大概也只有3到4年，而步入社会后建立的关系会远远比那长。

　　最重要的不是迄今为止认识的时间有多久，而是彼此间是以何种意图和目的在交往的。只要不是希望从对方身上获取什么利益，而只是见面、对话和交流真实情感，就可以成为朋友。如果想和谁成为朋友，就先抛开你的目的，单纯作为一个"人"，去接近他吧。

　　先对对方敞开心扉，告诉他你希望与之成为朋友吧。也许，你的忘年之交还没有出现。

请把你的好脾气也展现给最亲的人

实际上，当我们年龄越大，
越容易因为一些不值一提的事由，
甚至仅仅是因为比较神经质的压力感，
而凭空地令爱我们的人和我们爱的人伤心，
在他们心灵上留下永远的痛。
——马赛尔·普鲁斯特

　　我父亲曾是一名公务繁忙的地方公务员，因为我们兄弟都在首尔上学，所以父母常常每个周末或月末才能团聚。我读高中的时候，父亲终于结束了将近30年的工作生涯，搬回了首尔。父亲和母亲有生以来头一次拥有如此充足的团聚时间，于是二人开始了为期3周的欧洲旅行。在那个时候，能去国外旅游并不是多么普遍的事情，所以令周围很多人羡慕不已。

　　当父母旅行结束回国的那天，我去机场接他们，候机的时候，我不由得微笑起来。做周末夫妻、月末夫妻的时候，二人就相敬如宾，如今连海外旅行都一起去了，还不知道会多么情意绵绵呢。

　　然而，当我看到下了飞机的二人时，却被吓了一大跳。两人形同陌路一般，看上去刚吵过很严重的架。后来过了很久，听母亲说起，我才知道，原来启程才没几天，他们就因行程问题开始争执，整个旅程中二人几乎就没怎么说话。因为一直要一起行动，所以二人便在这期间不停反复地冷战和热战，生平头一次的海外旅行，别说是快乐了，那感觉简直如同炼狱，母亲每每提及，便摇头不已。甚至在巴黎的时候，每天只有父亲出门游逛，母亲则一整天都呆在宾馆房间里，看着完全听不懂的电视节目。

连"谢谢"这样的话也不好意思说出口

　　那时我真的无法理解，一辈子都把"这世上大概没有像你父亲这样顾家又疼老婆的男人了"这句话挂在嘴边的母亲，和父亲如此恩爱，为什么在只属于二人的美好旅行中却跟父亲吵得如此不可开交呢？

　　当我也度过了20年的婚姻生活以后，我才开始明白个中原因。出现那种结果，并不奇怪，恰恰是一种必然。因为那是父母平生第一次共处那么长时间。

　　常常听到这样令人啼笑皆非的故事：一对老夫老妻平生第一次去国外旅行，结果回来之后就闹离婚。如果不懂得交谊舞或派对等西方文化，无事可做的夫妻二人呆在一起的时间自然就会很多，如此一来，产生冲突的诱因也会慢慢变多。如果夫妻二人不得不在船舱里共处24个小时，不产生摩擦，是完全不可能的。就算再不愿看见对方，那也总不能去跳海不是？

至于年轻夫妻，也是同样的道理。当在高速公路上遭遇堵车，走走停停的反复过程中，很多夫妻都会吵起来。"唉，怎么又这么堵啊？""当初我叫你走国道谁让你不听？""谁知道会堵这么严重？"此时，紧张的气氛已经拉响警报。"我说，你怎么什么事都挑我的不是啊？"战争之火骤然点燃。水泄不通的高速路上，如此狭小的空间顿时变成炽热的炼狱。

不论是在巴黎的宾馆，还是在游轮的船舱，或是在回家的路上，问题之所以会变得如此严重，都是夫妇二人一直以来"真正在一起相处的时间"太少，"真正对话的时间"太少的缘故。仔细想一想，很多夫妻就算一起生活了10年以上，除了睡眠时间以外，其实二人真正在一起的时间并不多。不仅如此，就算人在一起，除了各自看电视看报纸等这样各自度过的时间以外，夫妻二人交流的时间，甚至要比和同事对话交流的时间还要少。

小时候，我住在外婆家。有天外公帮外婆换屋顶的灯泡，外公素来对家务事极少问津，所以这种场景非常少见。外婆怔怔地看着换完灯泡后从椅子上下来的外公，喃喃自语道：

"没有男人的娘儿们可怎么活啊？"

外婆只说了这么一句话，然后就钻进了厨房。

当时我并不能理解这句话其中的含义，年幼的我只是对外婆口中极其自然地吐出"娘儿们"这个粗俗的称呼感到很吃惊，所以这件事历历在目。

直到现在，我仿佛才明白其中的意味：外婆是在感谢外公。碍于外孙在跟前（虽然我在场与否并不影响事情的发展），所以连"谢谢"这样的话也不好意思直接说出口，于是用"有老公在真好"这样的话语，婉转地表达了自己的谢意。

请把外面的好面貌也展现给家人

虽然二老已经去世多年，但是每每想起，便觉得非常有趣。虽说以前的人都很保守，但也不一定非要用这种方式表达吧？

不过现在不是要讨论老年人话题的时候。不知道是不是遗传，还是韩国人本来就不好意思说感谢，又或是结婚太久，一切都觉得理所当然了……我好像也不怎么对妻子说感谢，妻子向我说感谢，好像也是很久以前的事了。别看我在外面就以说话为职业，换做在家，我反而成了少言寡语的闷葫芦。

有一次，去一位美籍侨胞的家中做客，正好赶上那家的儿子把自己的女朋友带回家，是位白人姑娘。等二人跟大人们忸怩地打完招呼上了楼之后，楼下的父亲就小声咕哝道："我早就跟他说在前头了，两人谈恋爱可以，结婚却万万不行，要娶只能娶韩国女人。"

我问他："现在都什么时代了，怎么就不能要外国儿媳妇呢？"他的回答简直令人咋舌。

"我是这么对儿子说的：你小子要是跟美国女人生活的话，直到老死，你每天早上都要对她说'I love you'，不说的话你俩就会离婚。年轻的时候那样说说倒也不打紧，等老了哪还能说得出口？不行不行，太累了。韩国男人，绝对做不来这个。所以，你将来一定得和韩国姑娘结婚。"

之所以反对跨国婚姻，不是由于文化差异，也不是为了保持血统的纯正，而竟然是因为受不了每天早上起来要对妻子表达爱意，韩国男人简直是让人服了。如果要举办个奥运会，选拔"最不温情的男人"，我敢保证韩国男人绝对会毫无悬念地摘冠。

不过说起来，韩国人大都如此。美国人总是把"I love you""Thank you""I'm sorry"之类的话挂在嘴边上，而韩国人不到万不得已的"决定性瞬间"，是断然不会将这种话说出口的。虽然那天女主人对男主人的说法很不以为然，但大范围来看，并不止男性这样认为。一个巴掌拍不响，渐渐地，妻子们的话也变得很少了。每天早晨如果不说出来就会让美国人闹离婚的那句"我爱你"，对于我们来说，一个人一辈子能说几次呢？

2012年年初，有一则公益广告曾经引起了强烈反响。

"身为职员的金雅英虽然很随和，但是身为女儿的金雅英却……"

"身为花店主人的李孝珍虽然很亲切，但是身为母亲的李孝珍却……"

"身为朋友的金凡振虽然很快活，但是身为儿子的金凡振却……"

"部长金基俊虽然很和蔼，但是老公金基俊却……"

在外总是亲切、开朗、随和的人们，一旦回到家中，就立马变成了一副不亲切的样子。这刻画出的，恰恰是我们每个人的真实状态。

当时几乎周围所有认识的人都在讨论这则广告，大家都深有同感。我们为什么会这样？为什么我们出门在外时对所有人都那么友好，而对我们最珍爱的家人，却总是任性妄为呢？而且这种状况非常严重，以至于都推出了公益广告，呼吁我们"请把在外面展现给别人的好面貌，也展现给家人"。

友善相待我们最爱的人

扪心自问，能够友善地对待陌生人的我们，在面对父母、兄弟姐妹的时候，有多随意呢？也许是因为家人不是外人，也许是因为在外面的感情劳动令你感到疲惫，所以回到家中便脱下了礼仪的面具，也许是因为在外待人不够友善的话会受到顾客或同事的冷落，但无论怎样对待家人，家人永远都会站在自己这边，所以就随意为之吧。说得好听些，是亲密轻松，说得不好听，这种行为显得特别不尊重人。

可是，我们最应该友善相待的人，是我们最爱的人啊！是那些和我们共处时间最长的人，是那些和我们有血缘关系的人，是我们最亲密的爱人。在还是年轻的姑娘小伙的时候，我们热情洋溢，感情外露，然而有一天，我们却丧失了"感情的礼仪"——这由日常的对话建立起来的礼仪，为什么？

倾诉的反义词并不是倾听，而是听对方把话说完，和说话者有眼神交流，用点头或摇头来回应对方的话语。但是最容易打破这种原则的，正是家人之间，夫妻之间。

对于在一段长途海外旅行中吵架的父母，对于连句"谢谢"也说不出口的外婆，对于觉得说一句"我爱你"天会塌下来的韩国男人们……或许，我们都忘了，所谓爱，就是由只言片语的对话堆砌而成的石塔，哪怕是那些微不足道的对话。因为人与人之间亲密关系的基础正是那些看似微不足道的零碎记忆。

维持关系，尤其是维持像夫妻这种朝夕相处的关系的，不是像电影台词一般的感人对白，而是"谢谢""对不起"之类的只言片语——small talks。我们只需拿出在外面付出的十分之一的感情劳动，用这些琐碎的细节去关心家人就足够了。所谓的好关系，不会像童话中的宫殿一样，能借助神奇的魔法一夜而成。

为什么在对待一生中和我们最亲密的人时，我们反而会最无礼呢？因为我们总觉得家人间的关系最随意，而正是这种安逸的想法，使得家人之间的关系恶化。关系亲密，并不意味着可以肆意对待。我们需要把家人当成稍微需要注意的对象，对他们表现出尊重。彼此间的关系越亲密、越值得信任，一起度过的时间越长，就越应该顾及对方的感受。

从今天开始，表现出小小的关怀吧，对你最珍惜的人，哪怕只用上对待顾客的一半的态度就好。

越小心翼翼，越容易搞砸？

花了很长时间将自己整理好之后，

什么东西将会首先崩塌？

因为太过害怕，

所以一直都没有将这块砖放下。

——李炳律《悠久的寺院》

有次我去中医院做腰椎间盘治疗，中医大夫一边将热热的中草药的膏药贴在我的腰上，一边递给我呼叫机说道：

"如果太烫的话，就按这个呼叫机，不要硬忍着。"

啊，真的好烫，神奇的是，时间过得越久，膏药不是越来越凉，而是越来越烫。刚想按呼叫机，但转念一想，是不是越热效果会越好呢，于是便一直强忍着。过了一会儿，计时器就响了，大夫过来把膏药揭开后大吃一惊。

"这，都这么烫了怎么不叫我呢？搞不好就烫伤皮肤了。"

对于大夫嗔责，我难为情地答道：

"我很能忍的，再疼再烫都能忍……"

重要时刻，总在"忘词"

自己说完之后又想了想，好像还真是那样。从很小的时候，我就学会了任何事都要忍耐。在不久前注射韧带强化针的时候，大夫问我"很疼吧"，我也回答"不怎么疼，您就放心地注射吧"。

不仅是身体上的痛苦，感情上的痛苦我也时常一个人忍受，伤心的时候，疲惫的时候，都不与旁人提及。

本来腰就不好，躺下之后一想到那些痛苦，突然间倒觉得伤感了。我好像是属于金正云教授反感的那类人——"爱和自己斗争，而且总想赢"，一直将老子"胜人者力，胜己者强"的名言奉为金科玉律，并一直严格遵循。占据了我内心八成的义务和责任感，驱使我这样坚持着。为什么要这么严谨地活着？生活的疲惫突然间从腰部蔓延，席卷全身。

年纪越大，越觉得应该对自己宽容一些，年轻的时候，是做准备和获取成功的时候，有时是必须要鞭策自己的。然而变成大人之后，则有必要放下那些强迫自己无所不知、无所不通、无所不严格的强迫观念。之所以如此，不是因为"只有减少压力身体才能健康"或者"到了可以缓口气的年龄"之类的盲目的宽容。经验让我懂得，对自己宽容一点，会变得更快乐，事情反而能做得更好。

我们学校每年都会为春季发展基金的捐赠者举办音乐会。参加表演的大都是音乐学院的教授和学生，所以演奏的多为古典音乐。2011年，学校尝试着举办更加大众化的活动，因此除了表演古典音乐之外，还打算邀请歌手金道钧参加表演。不过有人提议，在金道钧演唱的五首歌曲中，挑出两首歌来以二重唱的形式表演。以前和教授们一起去练歌房的时候，我唱过金道钧的歌，所以，音乐学院的金英律教授便提议让我和金道钧表演二重唱。我大吃一惊，连连摆手回绝。结果所有人都拍手赞同，说会很有意思。尽管一再回绝，甚至后来说起这事都被打趣说我"撒娇耍赖"，最后还是没能逃脱，生平第一次登上了舞台。表演的曲目是《爱情……那家伙》和《LET ME SAY GOODBYE》。

活动开始的前一个月，我就开始投入了练习。本来就不太擅长唱歌，担心跟不上拍子，此外记歌词也是一个很大的问题。演出的舞台与练歌房不一样，没有大屏幕，所以必须得把歌词背下来。再加上不是自己一个人，而是和歌手一起表演二重唱，所以一个词都不能错。可能是因为太紧张的缘故，越是练习，越是忘词，歌虽然都不是很长，但是，第一节、第二节和副歌部分的歌词有些不同，结果越练越混淆。

但是，这有些说不通啊，我明明已经早就把这两首歌的歌词背下来了的。上大学时，还没有练歌房，所以那时都是把歌词背下来唱的，所以能记下很多自己喜欢的歌词。因为喜欢金道钧的歌，所以在练歌房里也早已把歌词背下，然而只要音乐一开始，脑子就一片空白，完全想不起来下一句是什么。

　　演出前，我好像随着MR伴奏练习了数百遍。我常想，就算不像电视上的"领唱训练"那样，接受下音乐老师的指导也好啊。不过并没有那样，只是在车里或者房间里练习了很多次。练习的力量的确太强大了，因为经常练习，反而懂得了歌词里面更多的含义，与在练歌房相比，唱得也更好了些。但是却总是忘词，真是让人抓狂。

　　终于到了演出的那天，我早早地来到后台，一边缓解自己的紧张情绪，一边不断地练习。演出前大约两小时，金道钧就到了，他本人真帅呀，当时因为腰痛，本来是不能参演的，不过为了遵守诺言，我在腰部系上腹带，以便能够自然行走。在我们商量完二重唱怎样分工，然后小声对唱的时候，我又忘记词了，真的快崩溃了，演出已经近在眼前，却还在犯忘词的错误……

　　苦恼了很久之后，我最终决定将歌词写在一张小纸条上。哪怕有1%的可能会把演出搞砸，还不如保险点更好。何况这并不是我的舞台，再说，和我这样业余的人合作，本就让金道钧这样的有名歌手为难了，如果连表演都搞砸的话，可是万万不行的。于是我把歌词抄在了一张纸上，登上了舞台。

　　看着站在舞台上，作为业余选手还唱得那么卖力的我，所有的观众都给予了热烈的掌声，不过每当我盯着手掌看的时候，台下的人还是纷纷笑了起来。演出结束后聊天时，我们还讨论了这个话题。金道钧开玩笑说："您是教授，怎么连歌词都背不下来呀？"虽然表面上接受了我这种做法，但是内心可能会觉得我很没诚意吧，的确，怎么能够连歌词都背不下来就上台表演呢。自己想想，也觉得实在是很失礼。就算是试演节目，背歌词也是基础中的基础了，连歌词都背不下来，是要被训斥的。然而那天，我演唱时，却是边盯着掌心边唱。

演出就那样结束了，这件事作为一件丢脸的回忆，留在了我的记忆中。直到现在我也不明白，为什么就是背不下歌词呢？明明是早就会背的歌词，明明已经练习了数百遍，为什么还是记不住呢？

或许是因为紧张，也许是对错一个字都不行的恐惧，所以在练习室，我在推特上写了这样一条状态。

"在练习室里越悲惨，在舞台上越华丽。"

那天，直到我回到家，我都在细细咀嚼那句话。我享受着华丽的舞台，但是我却没有做过悲惨的练习。尽管也练习了很多次，但是并没有练习到能够战胜紧张和恐惧的程度。

不过，随着时间流逝，我渐渐明白，那天之所以忘词，并不是因为练习不足。那既然已经背下了歌词，既然已经练习了数百遍，为什么到了舞台上却全忘了，这说不通。追根究底，这一切都是因为我想尽善尽美的完美主义所致，都是因为害怕给好不容易邀请来的金道钧添麻烦而不停地强迫自己所致。

或许是我对自己还不够宽容吧，在偌大的舞台上与有名的歌手一起演唱时，"绝对"不可以唱错词的念头，麻痹了掌管我大脑中记忆的某个部分。

把自己当成业余选手

最近，在看某个台的选秀节目时，我听到了这样一句话：

"只要享受舞台就行了。"

如果那天，我能够包容自己的失误，也许情况就会变得很不同。"就算失误又有什么？反正我是业余的，金道钧也会在旁边帮我遮掩……"如果当时我能那么想，我就可以享受舞台，反而能自然演唱了，那样的话对金道钧来说也是一种礼仪，不是吗？

对于初次登台的人来说，那是一个令人痛苦的空间。在幕布后焦急等待，终于轮到自己上场，慢慢走上舞台的时候，闪耀的聚光灯照得眼睛都睁不开，而台下还有上千双比聚光灯还明亮的眼睛望着自己，要去享受那一刻，是多么困难。我一直以为，要做到享受舞台，就只能不断练习。所以我深信"享受舞台=多加练习"这个公式。

时间久了我才发现，原来享受舞台就是对自己宽容，就是不要把自己当专业选手，就是不要坚持完美主义，而是以一个业余选手的心态，去充分感受舞台的快乐。在生活的舞台中又是怎样的呢？是不是同样适用呢？

　　一直把"必须尽全力"作为严格使命的我，在生活的所有舞台上都想作为一个职业选手。因为"不能给人添麻烦""一定要成功"之类的责任感，我忽略了过程的喜悦。像业余选手一样生活，就是一种充分享受过程的心态。即便不能在所有的领域都成为专业选手，也没有关系。一个人不可能在任何时候在任何领域都成为专家。每天做的事情之中，想要有一件做得专业，也是极难的，这就是生活。

　　变成大人，就是把自己从必须做好的强迫观念中解放出来。对自己宽容一些吧，只有这样，我们才能做得更好。

40岁，才能看到的那朵花

> 不要急于求成，
> 不要期待自己能够做出
> 像水中星辰一样闪亮的业绩。
> ——金秀英《春夜》

我觉得和人生最相似的运动要数马拉松了。

人生，每当想起这个并不轻松的字眼，就会想起小时候看过的名叫《My Way》的电影。虽然已经记不起故事梗概，但每次听到弗兰克·辛纳屈的那首经典曲目，在我的脑海中，那个在苦苦奔跑的男人的形象，和下班路上我自己的样子，就会重叠在一起。

其实，马拉松真的和我们的人生历程很相似。无论是一个人要独自走完42.195公里长的旅程，还是时而昂扬时而沮丧的样子，虽然每一刻、每个步伐都是沉重的，但是如果跑起来的话，那就是属于奔跑者的快乐runners' high，在能够尝到努力后的喜悦这一点上，它和人生也是相同的。

如果把长成一个成年人比喻成马拉松长跑的话，那么从折返点往回跑，又代表着什么呢？

马拉松运动员说，他们奔跑得最拼命的时候，就是从折返点往回折的时候。因为这个时刻意味着，走过的路会变得比剩下的路程更长，"有可能跑完全程"的自信心也会增大。虽然折回头跑的后半段路程跑起来会更费力，但是却少了那种茫然的感觉，因为他们已经了解，哪里会有曲折，哪里又会有上坡。

最有趣的，来时的上坡路，此时也已经变成了下坡路，而且当初越是吃力的斜坡，如今跑起来越是轻松。

借用作家金薰的话来说，就是"所有的上坡路和所有的下坡路，最终都会扯平"。

如果把它代入到人生当中，那就是，前半段的人生中经历的逆境越多，下半生的赛跑中就会走得越轻松。所以说，生活终究是公平的。

折返点前后，有逆境，也有顺境，往返并不是单纯的重复，而是再次跑回原点。逆境和顺境中包含的含义太多，跑回原点，既意味着回归"新手"，也意味着像最开始时那样一无所有，徒手重新开始准备，同时还意味着在已经走过了一次的路上，这次会少出现一点失误。

再跑一次当初跑过的路，看似枯燥，实则不然。它将是全新的，因为在增进熟悉的过程中，你会看到很多当初被你错过的风景。诗人高恩曾吟诵：

往下走的时候我看到了，

往上爬时不曾看见的

那朵花。

这三行诗，不是诗的一部分，而是名为《那朵花》的诗歌的全文。然而，再没有什么文章，能比这短短的二十几个字更能精辟地道出折返点的含义了。成为大人，即从人生的折返点上折回，为的就是看到当初飞奔而上时未曾看到的"那朵花"。

那我来问你，什么是你当初未曾看到的"那朵花"？

是当初为了买房而"想吃的吃不到，想穿的穿不起"的美食华服？还是为了把孩子送入大学而奔波在各辅导班间耗掉的时间？抑或是为了升职、赚钱而远离的亲人？是被成功迷住了眼睛的你曾无视和伤害了的人之间的感情？还是为了生计奔波而被埋没的青春梦想？

1988年在江畔歌会①上，凭借一曲《嗒嗒嘀》出道并一举夺得大奖的歌手李尚恩，在2012年接受某日刊采访时，曾说过下面这样

---

① 江畔歌会：江边歌谣祭，韩国MBC电视台自1979年至2001年每年8月份举办的歌会，每一届歌会都会有一批新秀歌手脱颖而出。

一段话。曾经的那个短发少女，不知不觉竟然长成小哲学家了，时间真拥有令人成熟的力量。

人们都害怕年龄变大，因为年龄愈大，就愈觉得自己好像正在失去什么。我也一样。然而有一天，我突然改变了想法，我告诉自己："不要在意自己失去的东西，看看自己现在拥有的吧。"此后，一切都变得不一样了。当我40岁时，我决定，要珍惜和拥抱自己剩下的一切，我发现，我越是想要拥抱剩下的一切，它们就变得越加珍贵。

于是我明白了，我们从中点折回去时才能看到的那朵花，不是我们当初未曾实现的那些遗憾，而是我们至今仍拥有的，宝贵的一切。

站在人生的折返点上的你，有没有看到属于你的"那朵花"？有没有鼓起抓住那"珍贵的东西"的勇气呢？

加油吧。

虚度20年，是否还能重写人生

让我总是摇摆不定的原因只有一个，

就是我的人生中沾染了太多别人的指纹。

那就丢掉吧，只留下属于自己的那部分，

重新书写新的人生吧。

——艾伦·柯汉《不是自己的，统统都丢掉》

有时候写了很多内容，但是电脑却突然卡住了，不管怎么按键都没反应，显然是死机了。一阵慌乱之后，只得一边长吁短叹，一边按下重启键。除了重启电脑之外，没有别的办法。这时电脑会问你是否"确定"，还会向你发出"未保存的内容有可能会丢失"的警告。

但是又有什么办法呢？虽然文稿未及保存，令人心痛不已，但下定决心凭记忆重写之后，还是按下了"确认"键。这时电脑会终止一个个程序，然后"自行了断"。而后在"哔"的一声响过之后重新复活，好像什么事都没发生过一样，一切准备就绪，只等着我下达指令。

因为心疼不翼而飞的资料，也会抱着侥幸心理到处翻找，不过好像还是直接重新开始会更快一些。一切都从头开始，虽然有点令人懊恼，但所幸并没有预想的那么困难。倘若对之前写的某些地方不够满意，这次写出了更满意的文字，反而还让我觉得挺开心。

人生还可以重启

其实不仅操作电脑是这样，面对人生的各种困境，也是同样的道理。有时候我会冲动地想：要是人生也有重启键，能够像电脑那样重新来过该有多好。要是能把繁杂的问题一个个解决掉，然后以崭新的面貌再次出发该有多好。当然，人不可能像电脑那样死掉再复活，但我多希望心也可以重启。只有一个条件，就是面对"未保存的内容有可能会丢失"的警告，必须按下"确定"键。

如果能够下得了决心，敢于放弃之前既得的所有利益，那么我们的人生还是可以重启的。

弟弟在冠岳区唐谷街的十字路口开了家小小的烤肉店。开业那天，我特地买了花篮赶过去，一路上我思绪万千。因为这是自他辞职，又经历了诸多困苦之后，才重新开始的事业。

其实弟弟倒不是因为一直梦想开一家餐饮店才辞职的，他曾经上班的那个公司，效益也很好。但是他说，他认为如果想要对人生做长远的洞察和规划，那么哪怕只有一丁点力量，也应该去开创自己的事业。记得当初他要递交辞职信的时候，我也是有些反对的。不过反对最强烈的，还是弟媳。他第一次创业的成果并不好，坚持了不到一年就关门了。那时他做的生意，是和搬家有关的业务，但当时房地产行业正在进入冰封期，市场已经一蹶不振。他原本以为只要充分利用自己的关系网，就能有充分胜算，结果到头来，唯一一点希望也破碎了。

那之后，弟弟就开始从最底层做起，努力做着准备。在熬过了一年没有收入的日子，调查了多种多样的产品之后，他最终决定挑战餐饮行业。受经济不景气和提前退休的影响，开餐馆的人每天都在增加，残酷的统计结果显示，这些餐饮店中，10家店有8家6个月里都是关着门的。在这样的情况下，毫无经验的他想要碰触号称"创业新人的马其诺防线"的餐饮业，我想他自己也觉得非常忐忑吧。有段时间他甚至连水都喝不下，目睹这一切的我也十分为他担心。这个过程中，心中的不安和动摇，没有经历过的人是很难理解的。

如今，弟弟的餐馆有时会座无虚席。通常我会忍着饥饿，坐在休息位上等一小会儿，不过等的时间太久，心情就没那么爽了。然而这种等待，是幸福的。

弟弟头一次做餐饮生意就能取得好成绩，他的秘诀是什么？我认为，他能够取得成功，归功于他的"彻底重启"。因为这一次，他没有再依靠手中掌握的人脉、经历等资源，也不再寄希望于此。所需的一切事项，全都经过了自己长时间的学习和充分准备，而不再是交给别人去做。不被身边诱人的成功事例和变化迅速的趋势所左右，而是在经历了一番奔波之后，冷静做出选择。他把各连锁品牌的优缺点仔细做了比较，并在心中做了一番分析。经过了漫长的准备后，果断而迅速地付诸行动。

没有掉进"我往常都做得很好"的幻想里，而是彻底回到一个求职新人的姿态，这样才有可能取得成功。他相信只要不忘记"无论何时都可以回到最底层"的初衷，只要继续挑战，就会取得好的成绩。

承受放弃一切的恐慌

很多职员在退出公司以后，都会抱有这种幻想：拿退休金选个差不多的产品，加盟到流行的连锁品牌名下，年老时就没有后顾之忧了。这种毫无边际的幻想，正是陷入危机的原因。

没有炽热的苦闷和准备，怎么会有成长呢？

有位著名的数学家叫欧拉，我们的数学课本上出现的"欧拉定理"，就是这位伟大的学者提出的。他还不到30岁的时候，就因为一场重病导致右眼失明。年老之后欧拉患上了白内障，左眼的视力也开始下降，并最终完全失明。但是失明以后，他仍然进行着大量的研究工作，并写出了更多的著作。这一切，他是如何做到的？

当欧拉得知剩下的一只眼睛也即将失明的时候，他就开始闭上双眼，尝试着习惯失明以后的生活。所以双目完全失明后，并没有给他的日常生活造成太大的障碍，反而使欧拉陆续发表了更多伟大的研究成果。

每个人都能够做到为未来做准备，但却不是每个人都能够做到放弃现在的一切。欧拉能够平和地接受失明的现实，并积极地应对和克服这一障碍，单是这种态度，就已经非常值得世人尊敬了，他还敢于放弃自己所剩不多的光明，这种勇气着实令人惊叹。换做是我的话，大概会在剩下的日子里，赶紧把所有的事情都尝试一遍。

就算我们很多时候都想重新书写人生，实际上也无法做到，因为我们丢不下手中紧握的东西。因为害怕"之前的一切工作全部丢失"，就无法按下重启键。何况要按下人生的重启键，还必须面对其他的问题。

"奋斗到现在这一步，我有多么不容易……"

"都这把年纪了，就算重新开始又能改变什么？"

"想要从头开始，再取得今天这个成绩，说不定要吃比以前更多的苦头……"

但如果你不能接受之前的一切成果全部丢失，电脑就绝对不可能重新开启。人生也是如此。我们可以不去承受放弃一切的恐慌，但希望也会随之被抹杀。

丢下令你留恋的羁绊

其实所谓的既得利益，不过都是可有可无的东西。害怕失去手中的东西，于是变得战战兢兢，但是更有抱负的人，却会放弃这些东西。深吸一口气，放下一切，然后重新开始，你能在更快的时间里把它们找回来，甚至得到的比以前更多。只要你拥有无法阻挡的渴望。

现在，你只需要一样东西，那就是勇气。

有一位28岁的离异女子，一个人照顾着孩子，靠政府发放的生活补助勉强维持生计。但是某天起，这个女人下决心要当一个作家，于是开始每天推着婴儿车去小区的咖啡馆写作。梦想很虚幻，现实很悲惨，稿子写完之后却没有钱付印，所以她不得不把8万多个词用打字机一点点地打出来。如果你周围有这样执着的人，你会鼓励他们继续加油，还是劝他们先去挣点生活费，把生活打点好再说呢？

上面提到的这个女人，正是日后凭借《哈利·波特》系列，做到了比英国女王还富有的J.K.罗琳。她在哈佛大学毕业典礼的致词中这样说道：

"失败让我抛开了生活中不必要的东西，让我把所有精力都放在对我来说至关重要的工作上。我在失败堆积而成的磐石般的基础上，开始重筑我的人生。停止去做那些没有意义的事情，开始真正重要的工作吧。"

一只一天只能爬行一米的幼虫，怎样才能做到一生中移动10公里？是应该更加拼命地蠕动吗？当然不是。它应当重新开始，蜕变成蝴蝶，然后翩然飞翔。

穷困悲惨的J.K.罗琳并没有埋身在自己的处境中顾影自怜，而是乘着魔法师的扫帚飞到了一个新的世界。她丢掉了所有不必要的外壳，致力于真正的蜕变。

丢下那些令你留恋的羁绊吧，生活会成为令你倍感充实的挑战。

想要重启你的生活吗？现在，一切都还不晚。

放下。

准备。

然后，重新开始。

一个人不可能任何时候在任何领域都成为专家。

每天做的事情之中，想要有一件做得专业，也是极难的，

这就是生活。

把自己从必须做好的强迫观念中解放出来。

对自己宽容一些吧，只有这样，我们才能做得更好。

结 语

一个不能久坐于桌前的
男人的小小安慰

我下面讲述的事情是100％的真实经历。

我正在写这本书，并写了有一段时间的时候，某天我去了江南的一个大型书店。站在随笔区，正在看有没有什么新书上架，遇到了两个看上去约摸大三的学生，两个人正捧着一本书说着悄悄话，并时而发出一阵低笑。当他们把看得很认真的书又重放回书架时，我注意到那是郭锦柱教授所著的《爱的究竟》。因为这本书也是我推荐过的书籍，所以勾起了我的好奇心，便上前与之攀谈。

我：这本书怎么样？
学生：很有趣，感觉完全像在说我自己，很受触动。
我：那就买下来嘛，为什么又放下了呢？
学生：不为什么……

他旁边的同学笑了起来，也对，本来就是爱笑的年纪嘛。刚好旁边摆放的正是我所写的《因为痛，所以叫青春》，于是我又鼓起勇气来问他。

这是我第一次就自己的书询问陌生人的看法。

　　我：这本书你读过吗？
　　学生：没有。
　　我：你听说过这书吗？
　　学生：嗯，听是听过，但没读过。
　　我：为什么？

那位同学看着我的眼睛理直气壮地回答道：

　　学生：因为我不喜欢金兰都。
　　我：……认识他吗？为什么不喜欢他？
　　学生：我喜欢读更有深度的书。

无话可说的我只好尴尬地笑着，扔下一句话便匆忙逃离现场。

我：好吧，下次我一定努力写得深奥一点。

啊啊，我什么时候才能写出有深度的书啊！

在巨大的压力下，我写完了该书。出乎意料，我第一次尝试的随笔集《因为痛，所以叫青春》，受到了过分关注。一些评论家的批判固然令人感到难过，但是更让我觉得难受的是一些读者的反应。非要举些例子的话，就是诸如"我只喜欢读有深度的书"之类的……

其实，我也总因为自己的文字深度不足而苦恼，所以我打心底希望自己的第二本书能够写得比先前稍微深奥一点，但是原本没有的深度，又岂能凭空捏造出来呢？尽管如此，"至少不能比上一本书差"的强迫观念一直深深地折磨着我。我想我一定是患上了所谓的"第二年综合征"。

大概是这个原因吧，在写这本书的时候，我常常感到吃力。

因为除去压力之外，这本书在写作难度上本来就比上本书更大。《因为痛，所以叫青春》是一本面向大学生的书，我的职业是老师，所以向学生们讲起"这样生活吧"之类的教导，于我而言是极其自然的事。然而这是面向"大人"和"正在成为大人的成年孩子们"的一本书，身为处于相仿年纪的同龄人，我实在没有足够的资格指导别人这样那样，所以我也非常担心读者的反应。

即便如此，在写这本书的时候，我还是常常感到很幸福。

为了写这本书，我新读和重读了很多诗集和经典著作。2012年是我的第二个研究年，我推辞了一切演讲和采访，日常生活也最大程度从简，当我重拾起那些因为繁忙而疏离了的好书，真的非常惬意。读书时，腰痛稍微消减一点时我就重坐回椅子上，把思绪重新梳理一遍，这就是几个月来我每天的必修课。虽然有时也会觉得枯燥，但是一想到可以读到这么多精辟的文字，一想到自己还可以继续写作，就觉得幸福无比。

尤其要感谢研究年，让我重读那些诗集。起初，只是为了摘录些可以引用到文章开头的诗句，结果不知不觉就沉浸在了诗文中，常常一读就是大半天。这次我还新买了很多诗集。诗歌是直视生活的最深刻的语言。诗歌的凝练节制，同喜欢言简意赅地传达意志的数字文化也非常搭。希望年轻的读者们能够多读好诗。

此外，有件事情，我希望能够得到读者朋友们的谅解。有次在接受某家媒体采访的时候，我曾经说过，要写一本以40岁以上的中年人为读者对象的随笔，作为《因为痛，所以叫青春》的续篇，并开玩笑地给书起名叫做《因为压抑，所以叫中年》。那时我正在写文章，希望能够帮助妻子和同年龄层的中年朋友们分担下肩上背负的重担。可是，话题展开之后，自然提到了"成年人"一词，猛然间开始质疑："我真的算是成人吗？"烦闷之余，最后我决定先写一部能够和"站在青春的边上，正要迈入大人世界的成年人"分担忧愁的书。而那本为中年朋友们写的书，至今还在撰写之中，在不久的将来，应该就可以出版问世。

　　在写书的过程中，我得到了很多人的帮助。在这里，我要向志愿阅读本书粗涩的初稿，并提出宝贵意见的编辑和试读者们以及一直以来做我的眼睛，帮助我不断修正和改进本书的Daumsoft和Embrain的代表以及职员们，致以我最真挚的感谢。同时也感谢亲爱的家人们，感谢你们对我的鼓励和等待。

　　但是我最想感谢的，还是亲爱的读者朋友们，并非是致以购买者的礼貌性感谢。在这期间，我通过各种方式，得到了很多人的鼓励。能够带给别人以指导和帮助，是我写书最大的幸福。对我的渺小想法和拙劣表达仍抱着钟爱之心去阅读并以之为鉴的读者们，一直是鞭策着我不断阅读、不断思考、不断写作的动力。如果没有读者们的支持，我可能也无法克服不能久坐于桌前的痛苦吧。

　　我想用自己最真挚的语言，来表达我的谢意。

　　亲爱的读者，感谢你们。